化肥减施增效技术社会经济效果评价指标体系构建及应用研究

罗良国 等 著

中国农业科学技术出版社

图书在版编目（CIP）数据

化肥减施增效技术社会经济效果评价指标体系构建及
应用研究／罗良国等著. --北京：中国农业科学技术
出版社，2021.12

ISBN 978-7-5116-5621-6

Ⅰ.①化… Ⅱ.①罗… Ⅲ.①化学肥料-合理施肥-
经济效果-研究-中国 Ⅳ.①S143

中国版本图书馆 CIP 数据核字（2021）第 261354 号

责任编辑	穆玉红
责任校对	贾海霞
责任印制	姜义伟　王思文

出 版 者	中国农业科学技术出版社
	北京市中关村南大街 12 号　邮编：100081
电　　话	（010）82106626（编辑室）　（010）82109702（发行部）
	（010）82109709（读者服务部）
传　　真	（010）82106626
网　　址	http://www.castp.cn
经 销 者	各地新华书店
印 刷 者	北京建宏印刷有限公司
开　　本	170 mm×240 mm　1/16
印　　张	8.5
字　　数	160 千字
版　　次	2021 年 12 月第 1 版　2021 年 12 月第 1 次印刷
定　　价	65.00 元

前　言

　　党的十九大报告首次将"美丽"二字写入了社会主义现代化强国目标。中国要美丽，农业生态环境必须美。习近平总书记强调"良好的生态环境是最公平的公共产品，是最普惠的民生福祉"。要紧紧围绕"稳粮增收调结构，提质增效转方式"的工作主线，大力推进化肥减量提效、农药减量控害，积极探索产出高效、产品安全、资源节约、环境友好的现代农业发展之路。为此，"十三五"国家重点研发计划设立重大专项"化学肥料和农药减施增效综合技术研发"，旨在立足我国当前化肥农药减施增效的战略需求，按照《全国优势农产品区域布局规划》《特色农产品区域布局规划》，聚焦主要粮食作物、大田经济作物、蔬菜、果树、茶园化肥农药减施增效的重大任务，强化产学研用协同创新，为解决我国化学肥料和农药过量施用严重并导致环境污染和农产品质量安全等重大科技问题，为保障国家生态环境安全和农产品质量安全，促进农业可持续发展提供科技支撑。该重大专项下的"化肥农药减施增效技术集成与示范项目"历经几年的研究验证，以研究成果的形式提出了不同的化肥农药减施增效技术模式，它们都属于环境友好型或绿色农业技术或技术模式，但这些技术是否符合现实农业生产实践最需要的既满足轻简化、易复制、易推广性，又能同时提升资源利用率、改善地力和提高经济收益，需要及时开展科学系统地评价，以便更好更快地将科研成果转化并服务于生产。

　　《化肥减施增效技术社会经济效果评价指标体系构建及应用研究》这本书，正是围绕"十三五"国家重点研发计划中的"化肥农药减施增效技术集成与示范项目"产出的不同作物化肥减施增效技术模式应用的社会经济效果评价，主要阐述如何去进行评价指标筛选、指标体系构建及其赋权，并结合相关示范点监测数据支持，运用不同评价方法开展实证式评价。研究确立的化肥减施增效技术评价指标体系获得专家组的一致认可和高度肯定，提出的评估方法也通过了第三方评估机构的论证。

　　值得由衷感谢的是，在指标框架体系构建、指标筛选和赋权过程中，超

·1·

百位来自中国科学院、中国农业科学院和其他高等院校农业领域跨学科、跨专业的专家们无私奉献的知识和智慧，确保了化肥减施增效技术效果评价指标体系和评估方法建立的科学性、实用性和适用性，有利于对集成化肥减施增效技术模式做出客观正确的评估，指导各项化肥减施增效技术大规模推广应用前的优选，同时指引未来化肥减施增效技术进一步创新和完善的方向。

本书分为八章：第 1 章，绪论；第 2 章，作物化肥减施增效技术应用的社会经济效果评价指标体系构建；第 3 章，作物化肥减施增效技术应用的社会经济效果评价方法；第 4 章，长江中下游水稻化肥减施增效技术应用的社会经济效果实证评价；第 5 章，设施蔬菜化肥减施增效技术应用的社会经济效果实证评价；第 6 章，茶园化肥减施增效技术应用的社会经济效果实证评价；第 7 章，苹果化肥减施增效技术应用的社会经济效果实证评价；第 8 章，结论与政策建议。

本书是"十三五"国家重点研发计划重大专项"化学肥料和农药减施增效综合技术研发"之"化肥农药减施增效技术应用及评估研究"项目中的"化肥减施增效技术效果监测及评估研究课题"子课题"化肥减施增效技术应用社会经济效果评价研究"成果（2016YFD02013-06-01），研究内容主要完成人为罗良国、尼雪妹、杨森、冉秦、吴照红、花文元、吴道宁、李宁辉。本书通过文献分析，结合农业领域百位跨学科的专家咨询，建立化肥减施增效技术应用社会经济效果评估通适指标体系和稻、菜、茶、果化肥减施增效技术社会经济效果评估指标体系及其赋权，以案例形式进行了实证式评价，提出了基于案例受评化肥减施增效技术模式综合效果从高到低排序结果、对标专项项目目标受评化肥减施增效技术模式应用的契合协调度以及相关启示性政策建议。本书可为国家相关决策机构或研究机构提供借鉴与参考。

作者

2021 年 10 月

目　录

第1章 绪 论

1 研究背景

化肥是保障粮食安全和主要农产品有效供给的重要投入品，我们国家能够生产出足够养活 14 亿人口的粮食，化肥在其中发挥了重要作用。我国的粮食增产，超过 50% 是来自化肥使用的结果，化肥为解决我国温饱问题、保障粮食数量和品质都做出了重要贡献。但不可忽视的是，在果蔬茶种植区和一些集约化农区，还存在化肥施用不科学、不合理以及过量施用现象。这种过量施用不仅带来了环境污染问题，也导致农业投入成本增加，不符合我国农业绿色发展战略目标要求。

为了推进化肥合理施用，提高化肥利用率，促进农业绿色发展，2005年全国启动了测土配方施肥项目。进入 21 世纪，党中央对化肥施用给予更多关注，全国启动了化肥零增长计划。特别是 2015 年以来，农业农村部出台了一系列有关"化肥减量化"的举措，力争 2020 年实现主要农作物化肥使用量零增长的目标。生态环境部和农业农村部联合印发《农业农村污染治理攻坚战行动计划的通知》，提出到 2020 年化肥使用量实现负增长的更高目标，确保化肥利用率提高到 40% 以上，保持化肥使用量负增长。与此同时，按照 2015 年中央一号文件关于农业发展"转方式、调结构"的战略部署，根据《国务院关于深化中央财政科技计划（专项、基金等）管理改革方案》精神，2016 国家科技部启动实施了"十三五"国家重点研发计划首批重点研发专项"化学肥料和农药减施增效综合技术研发"，旨在立足我国当前化肥农药减施增效的战略需求，按照《全国优势农产品区域布局规划》《特色农产品区域布局规划》，聚焦主要粮食作物、大田经济作物、蔬菜、果树和茶园等化肥农药减施增效的重大任务，强化产学研用协同创新，解决化肥、农药减施增效的重大科技问题，为保障国家生态环境安全和农产品质量安全，推动农业发展"转方式、调结构"，促进农业可持续发展提供有力的科技支撑。

"十三五"国家重点研发计划项目实施以来，全国不同研究团队在化肥农药减施增效技术或技术模式、管理及政策研究等方面均取得不少成果。特别是研发集成的技术或技术模式在保持合理化肥用量的基础上，既因地制宜考虑适合的肥料产品，又考虑化肥与有机肥使用的配合，同时采用机械化深施等方式，结合不同作物优良品种选择、农艺技术优化、土壤改良措施、植保技术和节水灌溉提升技术等，显著提高了肥料利用率，实现了作物增产增效。但是，这些技术或技术模式是否能够满足农业生产实践对其实用性、适宜性、简易性、经济性、稳定可重复性等方面的需求，能否普遍获得社会的认可和满足农户追求经济收益最大化的需求，迫切需要建立科学的评价指标体系，运用科学的评估方法，开展科学综合评估。

2 研究意义

"十三五"国家重点研发计划启动首批重点研发专项"3.1~3.4化学肥料和农药减施增效综合技术研发"以来，经过全国不同科研团队的努力，研发集成了一系列关于粮果蔬茶的化肥减施增效技术或技术模式，需要开展及时有效的综合评估。作为首批同时启动的"化肥农药减施增效技术应用及评估研究项目"之"化肥减施增效技术应用社会经济效果评价研究"子课题，研究提出了基于技术、经济和社会管理结构的综合效益评价指标框架体系，并结合生产实际，兼顾定性和定量指标，筛选、优化、建立了技术或技术模式应用的社会经济效果评估指标体系，提出了适宜于本课题目标的通用评估方法。整体来看，通过建立科学的化肥减施增效技术指标体系和评估方法，有利于对集成的化肥减施增效技术模式做出正确评估，促进耕作方式、水肥药管理方式的转变，对降低农业生产成本、保障农产品质量以及生态环境保护具有重要的意义。本课题运用构建的技术应用效果评价指标体系和提出的评估方法，对不同作物化肥化肥减施增效技术应用的社会经济效果进行了评估，分析确立了化肥减施增效技术普及应用推广的优先序清单及相关技术优化建议，可为深化技术研发指明方向，也可为政府推广技术提供决策参考，更为实现化肥使用量负增长提供有力支撑。

3　国内外农业技术评价指标构建研究综述

3.1　国外农业技术评价指标体系构建研究综述

在国外，农业技术评价指标的选取较多地侧重于结合研究区域特色，采用专家咨询和理论分析等方法构建农业技术评价指标体系。早在 20 世纪八九十年代，农业领域的众学者就对农业技术评价展开研究。1986 年，Conway 学者从农业生态系统生产力的角度，提出将生产率、稳定性、持续性和公平性作为农业技术评价指标（Conway，1986）。1991 年，亚洲农作制度研究网则提出在技术或技术模式应用下，将技术本身可行性、生物适宜性、经济活力、社会及文化可接受与可持续作为农业技术的评价指标（Asian Rice Farming System Network，1991）。1999 年，美国 Aistars 学者基于生命周期理论构建农业技术评价指标，提出了包括生产率、外部效应、利润率等经济指标和包括利益相关者和工人群体就业与生活质量的社会指标以及包括对能量、土壤、水、动植物、矿物质等资源利用和质量研究的环境指标（Aistars，1999）。同期，Chorles 教授认为对区域特性的考量在技术采用效果的评价中不应该被忽视，因此必须包括区域性指标。

21 世纪初，农业技术应用的评价得到了进一步的丰富和发展。鉴于一些社会与经济信息数据不可获得性以及不同维度的不可比较性，2001 年 Rigby 学者从数据易获性角度提出选择"产量增加"和"损失减少"两方面的指标来体现技术应的可持续性（Rigby et al.，2001）。也有学者指出技术应用效果评价指标应该由一套核心指标和一些补充指标共同组成（Veleva et al.，2001），这些指标要能够涉及能源和物质使用、自然环境保护、社会公平和社区发展、经济效益、人力和产品 6 个方面的内容，同时满足数据可获且准确，数据与结果可验证，指标具有系统性，指标数量可控、定量和定性结合等要求。到 2003 年，Rogers 学者基于前人研究，强调农业技术评价指标的选取中除了环境、经济、社会三项经典指标外，对技术应用效果的评价还要考虑技术本身的特征，其特征决定了技术被持续采纳利用的潜力（Rogers，2003）。他认为尽管技术推广速度、推广率依赖于潜在采纳者的个人特质、社会制度的特质（包括管理、采纳决策类型）等，但技术本身的创新比管理行为创新所体现的可持续性更重要，通常发挥着关键作用，如技术硬件创新（如一个新的或改进的犁）。

不过，技术评价指标体系的构建，还要与技术评估发展水平相适应。美国康奈尔大学教授 Lee 认为，政府在技术应用过程中的作用与技术本身的创新性同等重要，并指出技术评价指标应包括管理政策（Lee，2006）。因为技术推广还依赖于推广组织机构完善的基础设施与相关方的合作，技术的推广程度与地区贫困和多样化程度紧密相关，不同的国情下技术推广应用与管理政策密不可分。再者，针对农业技术应用效果的经济评价而言，Mousiter 学者突出强调市场价值和现金收入指标（Moustier，2001）；Geneva 学者则在农业技术评价时将评价指标分为效益指标、社会公正性指标、运行效益指标、产出效益指标和服务标准指标（Geneva，1993）。概括而言，众学者大多选取含有技术、经济、环境、社会、管理政策等类别的指标来构建农业技术评价指标体系（Simone et al.，2012）。

3.2　国内农业技术评价指标体系构建研究综述

早在 20 世纪 80 年代，国内学术界就达成了同等重视农业技术的经济效益、生态效益和社会效益，并力争协调统一的共识。90 年代，国内学者对农业技术评价指标体系的选取内容有所拓展，评价指标从最初的 3 个层面扩展到 5 个层面，即生物学的合理性、技术上的可行性、经济上的有利性、生态学的持续性和社会上的可接受性（袁从祎，1995）；罗金耀学者在评价喷灌技术的应用效果时，选取了技术、经济、资源、环境和社会五大类指标（罗金耀等，1997）。进入 21 世纪，农业技术应用效果评价指标选取逐渐细化，表现为指标选取针对性、实用性更强，更加关注技术本身特质与农业技术评价的目的（李宪松等，2011；李启秀，2014）。就农业技术本身特征指标选取而言，周玮等学者在对农业固体废弃物肥料化技术进行评价时，选取了技术稳定性、单位产量总能耗、原料预处理程度和单位废弃物有机肥产量 4 个指标（周玮等，2015）。孙嘉学者进行农业非点源污染防治技术评价时，从治理能力、技术要求和技术条件等层面选取了污染物去除率、出水水质、原水范围、运行温度、有效处理时间等指标（孙嘉，2015）。邓旭霞等学者对湖南省循环农业技术水平进行综合评价时，从实现循环功能可以通用的减量化技术、再利用技术、资源化技术及系统化技术 4 个层面选取了 17 个评价指标（邓旭霞等，2014）。当指标不能获得直接统计数据时，可以选用相关统计指标进行测算，如农业碳排放与灌溉、翻耕、农用柴油、农膜、化肥以及农药等因素相关，可利用各个要素的投入量对农业碳排放总量进行计算（王惠，卞艺杰，2015）。可以说，随评价目的不同选取指标各有所侧重。

关于农业技术应用的经济效益，它是指单位面积上一定时间内通过技术应用获得的经济纯收益，常见指标为单位耕地使用技术后产出效益和投入产出比。雷波等学者针对北方旱作区节水农业技术应用的经济效益评价研究，经济指标选取了作物水分利用率、农业水资源产出效益、旱作节水农业成本投入系数、劳均农业产值、种植业投入产出比、工程供水能力和单位面积平均农业机械量共 7 个评价指标（雷波等，2008）。而邓旭霞等学者针对湖南省循环农业技术应用的经济效益评价，考虑到循环农业技术应用必将带来经济结构改变，经济指标从经济水平和经济结构两个方面分别选取农村居民人均年纯收入、农业总产值占 GDP 比重、粮食单产、城镇化率和农业产业结构调整幅度指数等指标（邓旭霞等，2014）。

农业技术的社会效益，主要是指满足农业技术设立的目的、功能以及国家和地方的社会发展目标，通过农业技术应用使社会整体或者其中一部分人获得的利益。国内学者通常会因技术应用于不同领域而运用不同分类方法选取其社会效益评价指标。如邓旭霞等学者从社会发展、社会稳定、社会公平3 个层面选取了农业劳动力人均受教育年限、农村饮用水安全水人数比例、森林覆盖率、农业就业比例、农村居民恩格尔系数、农村社会公平度与农业政策支持力度共 7 个评价指标来开展湖南省循环农业技术应用的社会效益评价（邓旭霞等，2014）。卢文峰则从定性指标和定量指标角度选取技术应用对群众生活水平、区域农业发展的影响、农业节水发展程度、农村剩余劳动转移和农业技术支持程度作为定性指标，选取单位面积年均增加粮食产量、农灌水利用系数、节水灌溉率、农田单位面积平均灌溉水用量和灌溉水分生产率作为定量指标，诠释农业节水技术应用所产生的社会效益（卢文峰，2015）。

农业技术的生态环境效益，则是指技术应用对生态环境正负外部性，即新技术应用对生态质量或环境质量的影响，所选取的指标一般能反映土壤、水质、大气质量等方面的变化。如有学者从流域尺度评价种植结构调整中环境友好型农业技术应用所带来的环境效益，选取养分 N 总流失量作为评价指标（王芋等，2017）；也有学者从田间尺度评价不同环境友好型农业技术应用于不同作物生产所带来的环境效益，选取不同技术应用下农田养分投入减量水平、随田间渗漏、径流养分减排量等作为环境效益指标（胡博等，2016）；还有学者选取温室气体减排、COD 去除、沼液利用率和沼渣利用率4 个指标来评价沼气工程技术应用所产生的环境效益作为技术评价的环境效益指标（向欣等，2014）。不过，并不是所有学者在进行技术评价时都将环境（生态）效益单独列出，部分学者将其列入社会指标或者经济指标而没有明确的界限。如周玮等学者在农业固体废弃物肥料化技术应用评价时，并未区分社会效益与生态效益，从废弃物处理能力（对环境改善效果、年废弃物处理量）、二次污染程度（对大气和土壤的污染程度）和单位投资增加的就业岗位 3 个层面进行技术的社会环境效益评价（周玮等，2015）。

农业技术管理，主要从农业政策落实情况层面，深入讨论农业技术应用的合规性、落实力度和执行效果。这类指标构建主要是定性指标，也包括少量定量指标，定性指标需要经过量化指标方法处理，将其转化能够易于量化的指标，便于后续评价模型使用。按照美国康奈尔大学指出，技术推广与管理政策密不可分，技术评价指标应包括管理政策（Lee，2006）。我国在这方面的考虑还存在明显不足，值得借鉴和进一步完善。基于国际经验，在农业技术评价指标体系中还应该包含区域差异性指标，现有国内文献分析鲜有涉及，可根据具体情境具体考虑是否设计区域差异指标。

3.3 国内外农业技术指标体系构建评述

综合国内外农业技术应用评价研究进展分析，农业技术应用效果评价可看作一个生态系统，化肥减施增效农业技术应用评价则可视为基于农业资源可持续利用理论的动态变化的生态系统，具有结构、功能两大基本特征。减施增效农业技术虽然目标单一，就是要投入减量、产出增效，但其应用不仅与技术本身特质特征有关，还与推进技术应用的相关管理政策有关，也与区域差异性相关，因此，其结构特征更多地体现为这些技术从成果清单到全面落地大田整个过程绕不开的六大关键支撑环节，即技术本身特征、技术经济效益特征、技术社会效益特征、技术环境效益特征、与技术配套的管理政策特征和区域差异性特征。通常说，结构是功能的内在依据，功能是结构的外在表现，结构决定了功能，而功能与结构是相适应和统一的。所以，其功能特征主要体现为技术应用各关键支撑环节内能准确刻画并对支撑作用产生重要影响的各个因素，如技术本身特征表现为技术简易性、适宜性、稳定性等功能指标和技术经济效益特征包括单位产量、单位收益、单位投入下的产出和单位产出下的投入功能指标等。而这些功能指标有时还需要分解细化到可直接观察的子指标，以更好地诠释上级指标的功能。这反映出结构具有层次性，功能也有层次性。

通过对国内外农业技术应用效果评价指标筛选构建过程的全面分析和借鉴，本项目在顶层设计化肥减施增效技术应用的社会经济效果评价指标体系中，充分考虑以下四个方面：一是要明确评价的总体目标，要根据评价技术的不同特点，结合区域地理特色，选取最为相关、全面的指标，并确保指标来源的可获得性，同时还要依据评价目标结合我国目前的发展背景进行指标选择，指标框架体系应该是结构清晰、层次分明，服务于总体目标（图 1-1）。二是注意指标体系构建和评价标准确定的实用性，要确保指标体系建立后能够在大范围内得以应用，具有足够的使用参考价值。三是要在指标权重赋值时明确主客观作用，将二者以合理比例进行结合，确保权重的认知度达到一定水平，使结果更加客观科学。四是对于某些技术的采纳使用，并不仅仅为单一技术或技术模式的效果评估，也要考虑多技术或技术模式之间的可比性，不同区域之间横向比较的可操作性。

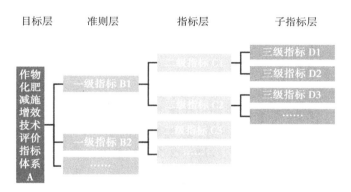

图 1-1 作物化肥减施增效技术应用效果评价指标体系框架结构

4 研究目标与研究内容

4.1 研究目标

主要围绕项目区粮、果、蔬及茶叶生产全过程化肥减施增效技术的实施与管理活动的全面调研，运用定性与定量相结合的方法，科学合理构建化肥减施增效技术社会经济效果比较的评估指标体系，并选用科学合理的评估方法进行受评减施增效技术模式应用的社会经济效果的试评价。

4.2 研究内容

（1）国内外农业技术应用效果评价指标进展研究。

（2）水稻、蔬菜、苹果和茶园化肥减施增效技术模式应用的社会经济效果评价指标选取研究。

（3）水稻、蔬菜、苹果和茶园化肥减施增效技术模式应用的社会经济效果评价指标体系与通适指标体系构建研究。

（4）水稻、蔬菜、苹果和茶园化肥减施增效技术模式应用的社会经济效果评价方法研究。

（5）运用评价方法开展减施增效技术应用的社会经济效益案例试评价研究。

5 研究方法与技术路线

5.1 研究方法

（1）文献分析法。

文献研究法是依据研究目的，基于大量学者的研究结果进行研究分析，即通过搜集、整理、分析来全面、快速了解科学事实的研究方法。一般可分为三个步骤：①大量文献的查阅。根据确定的研究目标查找相关的文献材料，以掌握农业技术评价研究领域；②文献的整理。通过对不同文献关于农业技术评价指标体系构建关注的不同视角或层面，整理分析这些评价指标体系所反映的结构和功能，明确他们依据研究目标筛选指标的侧重点，寻找指标选择相似处与差异化，并归纳整理；③进一步分析，提出符合本研究目的评价指标体系构建方法，并初步建立评价指标体系。

（2）专家咨询法。

组织全国范围内相应作物化肥减施增效技术研发和技术推广专家以及农经专家，通过面对面咨询或其他形式如在线或通信方式，针对技术应用于粮（水稻）、果（苹果）、蔬（蔬菜）和茶（茶园）的不同特点，对初步提出的指标全集进行讨论判别，并增补或删除指标，以期所列指标尽可能体现和满足准则，并确保囊括所有与化肥减施增效技术相关的指标；同时对每一个指标的名称、释义、量纲给出准确、统一的定义。充分研究各指标之间的关系，并从中筛选形成一个技术评价通适指标体系和不同作物的化肥减施增效技术应用效果评价指标体系框架，然后通过多次的专家组咨询，结合 Pearson 相关性检验法，最终确立满足项目目标所需的化肥减施应用效果评价指标体系。

（3）监测指标数据结合法。

针对确立的指标体系，组织包括水稻栽培、蔬菜栽培、茶园种植、苹果种植、土壤学、植物营养学和农经管理等交叉或跨学科领域的专家组成的专家组以会议或通讯形式，为确立的指标体系各指标打分赋权，然后结合指标体系各指标监测数据，运用 Pearson 相关性分析方法，判别构建的指标体系合理性。

5.2　技术路线

基于文献梳理，归纳总结国内外众多学者对农业技术评价指标选取和指标体系构建的研究，以此作为化肥减施增效技术评价指标体系构建的理论基础和指标选取依据，构建出较为完整的评价指标体系初表；然后，通过邀请

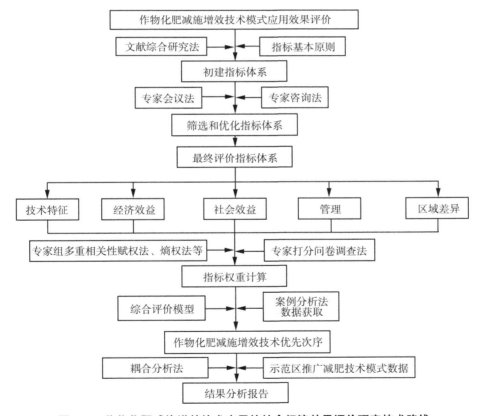

图 1-2　作物化肥减施增效技术应用的社会经济效果评价研究技术路线

各作物研究领域内的权威专家，召开专家座谈会或专家咨询会，得到专家对化肥减施增效技术评价指标筛选的意见，完成化肥减施增效技术评价指标体系的增减工作，建立作物化肥减施增效技术评价的通识指标体系和体现不同作物生产特征的具体作物化肥减施增效技术评价指标体系；最后，结合各作物实地监测指标数据和具体评价目标，对各作物化肥减施增效技术评价指标体系做合理科学的调整。

第2章　作物化肥减施增效技术应用的社会经济效果评价指标体系构建

1　指标体系构建原则

评价作物化肥减施增效技术应用的社会经济效果，本质上是评估作物减施增效技术应用优劣。而评价作物减肥技术应用效果，关键是建立评估指标体系。需要遵循以下 6 个原则，来建立作物减施增效技术模式评价指标体系，综合性评估全国研发推广作物减施增效技术模式应用效果的优劣（尼雪妹等，2017；2018；甘付华，2018；杨森等，2020）。

（1）科学性与实用性。

作物减施增效技术模式评价选取指标必须具有明确的科学性内涵和普遍的实用性，能客观真实地表征作物减肥技术应用"减施增效"的目标和反映作物减肥技术模式与项目目标的协调匹配程度。

（2）完整性与层次性。

作物减施增效技术模式评价选取指标不仅应能体现作物减肥技术中生产应用过程、应用后技术效果，而且要能体现技术特征、经济效益、社会效益、管理等不同维度技术效果，全面比较出不同作物减肥模式不同维度层次和综合效果的优劣性。

（3）系统性与独立性。

水稻、设施蔬菜、茶叶、苹果是我国重要的粮食作物和经济作物，作物减施增效技术应用社会经济效果评估是一个系统工程，涉及技术—经济—社会—管理等多个学科的复合系统，各个系统内部结构复杂，系统间相互影响、相互制约；同时，各个系统又相互独立。选取指标最佳的方法就是尽可能用最少的指标刻画作物化肥减肥技术模式"减施""增效"效果。

（4）动态性与静态性。

研发人员研发集成作物减肥技术需要根据实际情况，不断优化技术特征参数。因此，对作物减肥指标需要不断修正与调整；与此同时，必须保证某一阶段与维度评价适用稳定的通适指标体系，便于评估作物减肥技术的阶段性效果并对技术改进提出建议和对策。

（5）综合性与可行性。

由于作物减施增效技术模式试验点分布于全国不同区域，选取指标尽量多的选取定量指标，确保指标可比性，能综合全面地评估不同区域作物减施增效技术模式，为作物减施增效技术模式推广的优先序提供参考依据。

（6）现实性与导向性。

作物减施增效技术模式评价选取指标应结合我国现有常规技术下作物生产特点，反映作物减施增效技术应用的实际情况。选取指标要能够量化未来作物减肥技术模式推广情况，为实现国家乡村振兴战略目标服务，为化肥零增量乃至负增长目标的保持提供后续保障。

2 评价指标体系初建

水稻、设施蔬菜、茶园、苹果化肥减施增效技术的社会经济效果评估，是建立在已经确立的作物化肥减施增效技术模式评价指标体系基础上的，因此评价指标体系构建变得至关重要。它能为作物化肥减施增效技术模式比较分析提供技术指导，并引导化肥减施增效技术模式未来进一步的改进方向与途径，更好地服务于作物实际生产。

作物减肥技术模式评价指标体系基本上由两部分构成，一部分是定量指标，另一部分是定性指标。定量指标是可量化的指标，反映是客观事实；定性指标是不可量化的指标，更偏向主观性，补充验证定量指标的作用。在进行作物化肥减施增效技术应用的社会经济效果评价时，应结合定性与定量指标得出科学、合理、客观公正的评价结果。

2.1 基于文献研究初步建立作物化肥减施增效技术效果评价指标体系

技术应用的社会经济效果评价，其本质是评估技术可持续性。结合国内外农业技术应用的可持续性发展评价文献的研究分析，依据化肥减施增效技术评价指标选取原则，结合"减肥""增效"的评价目标，初步构建了包括目标层、准则层、指标层和子指标层的评价指标体系框架结构。目标层即为作物化肥减施增效技术应用效果评价，准则层包括五个维度，即技术特征、经济效益、环境效益、社会效益、管理及区域差异，指标层和子指标层细化指标具体见表 2-1。其中，技术优势主要是反映技术本身的属性特性；经济效益主要刻画单位面积上一定时间内通过减施增效技术应用获得的经济产量、收益及相关参数；环境效益则主要揭示减施增效技术应用对环境正外部性的贡献；社会效益主要考虑技术设立的目的、功能以及国家和地方的社会发展目标；管理则展示项目实施单位或政府为保障技术应用的落实所采用的相关措施包括立项、补贴、推广人员配备及技术宣传培训等。

表 2-1　文献法初步筛选构建化肥减施增效技术评价指标体系

目标层	准则层	子准则层	子指标层	参考文献
化肥减施增效技术评价指标体系	技术优势	劳动力强度（简易性）	单位面积劳动力投入时间	Conway（1986）、Fishpool（1993）、袁从祎（1995）、罗金耀（1997）、Rogers（2003）、邓旭霞（2014）、周玮（2015）、Rigby（2001）、Veleva &Ellenbecker（2001）
		化肥施用强度	单位面积化肥用量	
		土地生产效率（适宜性）	单位面积化肥用量	
		产量变异系数（稳定性）	产量均方差与平均产量比值	
		作物 N 利用率	单位产量的 N 吸收量	
		作物 P 利用率	单位产量的 P 吸收量	
		稳产下无机有机肥之替代系数	无机有机肥用量比	
		施肥方式	从优到次施肥方式选择序	
		土壤地力	土壤有机质	
			土壤全 N	
			碱解氮	
			速效磷	
			速效钾	
			pH 值	
		产出商品率	产出商品率（水果）	
			水浸出物（茶叶）	
		产品品质	茶多酚（茶叶）	
			咖啡因（茶叶）	
			氨基酸（茶叶）	
	经济效益	产量	单位面积产量	Griffiths & King（1993）、Aistars（1999）、Veleva &Ellenbecker（2001）、罗金耀（1997）、雷波（2008）、邓旭霞（2014）
		投入成本	单位面积成本（各环节）	
		增量收益	与传统技术比净增收益	
			技术应用的补贴支持量	
			节省化肥量产生的收益	
	社会效益	技术的推广率	推广面积	Asian Rice Farming Systems NeWork（1991）、Aistars（1999）、Rogers（2003）、王洗尘（1986）、袁从祎（1995）、卢文峰（2015）
		技术的农户采纳率	采纳农户占区域农户比	
		规模经营户采纳率	采纳规模户占区域规模户比	
		农户减施意识提高率	农户化肥减量观念转变度	

（续表）

目标层	准则层	子准则层	子指标层	参考文献
化肥减施增效技术评价指标体系	环境效益	单位面积源头 N 减量 单位面积源头 P 减量 单位面积 N 减排量 单位面积 P 减排量	技术采纳前后单位 N 投入量 技术采纳前后单位 P 投入量 技术采纳前后单位 N 排放量 技术采纳前后单位 P 排放量	Aistars（1999）、Rigby（2001）、邓旭霞（2014）、周玮（2015）、胡博等（2016）、王芊等（2017）
	管理	配套政策、宣传、服务能力（人员、能力、规范）	政府是否纳入文件列为主推技术 有无配套政策 媒体、报纸报道次数 有无技术员 技术员有无资质 有无发布技术使用手册	Fishpool（1993）、Roger（2003）、Lee（2005）、李宪松（2011）
	区域性	区域		Charles（1999）

2.2 基于专家咨询意见修订建立作物化肥减施增效技术应用的社会经济效果评价通适指标体系

2.2.1 指标体系构建专家咨询

为广泛咨询专家意见，采用通信形式（图 2-1）、在线视频会议咨询形式（图 2-2）、现场咨询会议的形式（图 2-3）以及到个别专家办公室一对一咨询等多种相结合的咨询方式，组织了水稻栽培、蔬菜栽培、茶园种植、苹果种植、土壤学、植物营养学和农业经济管理等领域或跨学科领域的专家，全面进行作物化肥减施增效指标体系的优选。

2.2.2 通适指标体系构建及共线性分析

通过组织多轮不同形式专家咨询，聚焦本项目化肥减施增效技术应用的社会经济效果评价目标，本研究提出了化肥减施增效技术应用的社会经济效果评价通适指标体系评审版（表 2-2），以充分体现项目希望实现的化肥减量、作物稳产或增产、经营者节省成本并增收、化肥 N 利用率提高及化肥减施增效技术得到推广应用和政府重视等目标。不含环境效益指标，因为环境效益，不是本项目要求研究内容，增加到指标体系中将不可避免的削弱其他准则层指标的重要程度。

为确保指标体系全部指标相互独立性、无相关性或共线性，我们利用 Pearson 相关性检验法开展验证。

首先，基于"十三五"国家重点研发计划"长江中下游水稻化肥农药减施增效技术集成研究与示范（2016YFD0200800）"项目组提供的 9 套化肥

作物化肥减施增效技术应用社会经济效果评价指标专家咨询

说明： 指标层和子指标层的各个具体指标 都可以删减和增补。在word最上面菜单中先点击审阅，再点击启动修订模式，然后直接在下表中根据苹果作物种植环节实际情况做修订。认为已有指标合适，就在最右边框中打√或写"同意"。不合适的话，修订模式下删除，并在同一准则层对应指标层和子指标层空行里增补，行数不够可插入增行。

修订完后，发送电子邮件到相关联系人。

建议评价指标尽量简化，否则可操作性和真实性就难以保证。

目标层	准则层	指标层	子指标层		
化肥减施增效技术评价指标体系	技术特征	化肥施用强度	单位面积化肥N用量	√	
			单位面积化肥P_2O_5用量	√	
			单位面积化肥K_2O用量	√	
		劳动力强度（技术简易性）	单位面积劳动力投入时间	√	
		化肥偏生产力（技术适宜性）	单位肥料投入收回产量（PFP）	√	
		产量变异系数（技术稳定性）	年际产量均方差与平均产量比值	×√	批注[1]：苹果是多年生物，产量变异因素很多，并且即使一年不施肥差量可能也不会降低太多。
		单位面积产量	单位种植面积产量	√	
		化肥农学效率	单位施N量所增加的产量（AE）	×√	
		技术模式是综合的，而非单个因素发挥作用，建议删除该指标	单位施P量所增加的产量（AE）	×√	
			单位施K量所增加的产量（AE）	×√	
		稳产下有机无机替代率	有机替代化学N肥的比例	×√	批注[2]：有机替代只是化肥减施增效中的一条途径，并不是所有的技术都是以此为核心的。
		施肥方式	传统施肥面积	√	
			深施用 水肥一体化或机械施肥	√	
		土壤地力	全N	×√	
			铵态氮	×√	
			速效磷	×√	
			速效钾	×√	
			有机质	√	批注[3]：这是最关键的。国外在推荐施肥时，往往重点关注这一个指标。
				√	
	经济效益	单位产值成本投入	单位种植面积产值	√	
			单位种植面积作物苗成本	×√	批注[4]：苹果是多年生，苹果苗只在建园时投入。
			单位种植面积农药成本	×√	
			单位种植面积肥料成本	√	
			单位种植面积其余成本	×√	批注[5]：建议归入其余成本中。
			与传统技术比净增收益	√	

图2-1 化肥减施增效技术效果评价指标体系专家咨询（通信形式）

图2-2 化肥减施增效技术效果评价指标体系专家咨询（在线视频会议形式）

图 2-3　化肥减施增效技术模式应用社会经济效果评价指标体系专家咨询

减施增效技术模式相关指标参数的实际监测数据，对化肥减施增效技术应用的社会经济效果评价通适指标体系子指标层 15 个指标进行了共线性分析（表 2-3）。

表 2-2 稻菜茶果化肥减施增效技术应用社会经济效果评价通适指标体系评审版

准则层 A	指标层 B	子指标层 C
A1 技术优势	B1 化肥减施比例	C1 单位面积折纯化肥 N 用量减施比例
		C2 单位面积折纯化肥 P_2O_5 用量减施比例
	B2 技术轻简性	C3 单位面积节省劳动力数量
	B3 化肥利用率	C4 化肥 N 回收利用率/N 农学效率
	B4 地力提升	C5 有机质
		C6 速效磷
		C7 pH 值
A2 经济效益	B5 作物产量	C8 单位种植面收获作物产量
	B6 单位产值成本投入	C9 单位种植面积肥料成本
		C10 单位种植面积其他成本
	B7 单位面积增量收益	C11 与传统技术比净增收益
		C12 减施化肥节本的收益
A3 社会效益	B8 技术推广面积	C13 减施增效技术推广面积
	B9 技术采纳农户数量	C14 采纳减施增效技术农户总数
	B10 地方政府纳入文件列为主推技术	C15 减施增效技术被省市县级政府纳入文件列为主推技术

表 2-3 化肥减施增效技术应用的社会经济效果评价
通适指标体系 Pearson 相关性分析结果

	C1	C2	C3	C4	C5	C6	C8	C9	C10	C11	C12	C13	C14	C15
C1	1.000													
C2	0.375	1.000												
C3	−0.133	0.466	1.000											
C4	0.569	0.466	−0.147	1.000										
C5	−0.055	−0.396	−0.154	0.182	1.000									
C6	−0.361	−0.330	0.215	−0.511	0.301	1.000								
C8	−0.127	−0.552	−0.320	−0.057	0.713 *	0.197	1.000							
C9	0.591 *	−0.173	−0.469	0.101	0.124	−0.118	0.545	1.000						
C10	0.171	−0.173	0.183	−0.373	−0.445	0.105	0.070	0.470	1.000					
C11	0.126	0.394	0.595 *	0.162	−0.356	−0.062	0.012	0.114	0.421	1.000				
C12	0.340	0.346	0.271	0.284	−0.412	−0.273	0.131	0.361	0.239	0.883 ***	1.000			
C13	0.168	0.266	−0.353	0.316	−0.612	0.060	−0.371	0.084	0.105	−0.045	−0.134	1.000		

（续表）

	C1	C2	C3	C4	C5	C6	C8	C9	C10	C11	C12	C13	C14	C15
C14	−0.093	−0.086	−0.353	0.002	−0.737 *	−0.229	−0.573	−0.215	0.121	−0.163	−0.233	0.892 ***	1.000	
C15	0.220	0.428	0.340	−0.343	−0.673 *	0.225	−0.708 **	−0.074	0.372	0.084	−0.052	0.353	0.294	1.000

　　由表 2-3 可见，子指标层 C 中指标 11 与指标 12 间存在明显的共线性，即"减肥增效技术模式与传统技术比净增收益"和"减施化肥节本的收益"间存在共线性，且该关系为显著的正向共线性关系，并在 1% 的显著性水平上显著。从现实角度来看，"减施化肥节本的收益"就是减施增效技术模式应用较当地常规技术模式应用因减少了化肥用量，进而减少或节省了这部分化肥成本的支出；对经营者来说，因节省成本也就变相或间接地增加了这部分收益，即"节本收益"。而"减肥增效技术模式与传统技术比净增收益"实际上包含了"节本收益"。

　　为克服共线性问题，避免对指标 B7 的估计偏误，进一步通过 PCA（主成分分析法），将这两个指标降纬成一个指标，结果如下。

表 2-4　指标 C11 和指标 C12 对指标 B7 主成分分析结果

主成分部分	特征值	方差贡献率	累计贡献率
第一主成分	26 544	0.9769	0.9769
第二主成分	628.468	0.0231	1

　　从表 2-4 中可以看到，第一个主成分累计贡献率已达 97.69%，说明第一个主成分基本包含了全部指标具有的信息。再通过对载荷矩阵进行旋转，得到表 2-5，可发现即使降纬成一个指标，指标 C11"减肥增效技术模式与传统技术比净增收益"在第一主成分中占比很高，因而总体上可以考虑删去 C12 指标，即删除减施化肥节本收益这一指标。

表 2-5　载荷矩阵进行旋转结果

变量	第一主成分
C11 减肥增效技术模式与传统技术比净增收益	0.9499
C12 减施化肥节本的收益	0.3126

　　为此，为避免导致指标层 B7 的估计偏误，必须克服指标共线性的问

题，实际运算中忽视指标 C12 而直接以 C11 表征 B7，即指标 C11 与指标 B7 权重相同。

同样，通过 Pearson 相关性分析发现，指标层 C 中指标 C13 和指标 C14 也存在着明显的共线性，即 "减施增效技术推广面积" 和 "采纳减施增效技术农户总数" 也存在着共线性，且该关系也为显著的正向共线性关系。为克服共线性问题，避免对指标 A3 的估计偏误，进一步通过 PCA（主成分分析法），将这两个指标降纬成一个指标（表 2-6）。

表 2-6　指标 C13 和指标 C14 对指标 A3 主成分分析结果

主成分部分	特征值	方差贡献率	累计贡献率
第一主成分	1.5333	0.9486	0.9494
第二主成分	0.0817	0.0506	1.0000

从表 2-6 可见，第一个主成分累计贡献率已达 94.86%，说明第一个主成分基本包含了全部指标具有的信息。再通过对载荷矩阵进行旋转，得到表 2-7，不难发现，即使降纬成一个指标，指标 C13 "减施增效技术推广面积" 在第一主成分中占比很高，因而总体上可以考虑删去 C14 指标，即删除采纳减施增效技术农户总数这一指标。

表 2-7　载荷矩阵进行旋转结果

变量	第一主成分
C13 减施增效技术推广面积	0.7954
C14 采纳减施增效技术农户总数	0.4061

其次，将 "十三五" 国家重点研发计划 "长江中下游水稻化肥农药减施增效技术集成研究与示范（2016YFD0200800）""设施蔬菜化肥农药减施增效技术集成研究与示范（2016YFD0201000）""苹果果园化肥农药减施增效技术集成研究与示范（2016YFD0201100）" 和 "茶园化肥农药减施增效技术集成研究与示范（2016YFD02009）" 项目组提供的四大作物不同化肥减施增效技术模式相关指标参数的实际监测数据综合在一起，利用 Pearson 相关性检验，基于各模式对应指标实测参数，再次对化肥减施增效技术应用的社会经济效果评价通适指标体系子指标层 15 个指标进行全部指标互为独立、无相关或共线性验证，结果表明（表 2-8），指标 13 和

指标 14 存在 5% 水平上的显著共线性，即"减施增效技术推广面积"和"采纳减施增效技术农户总数"存在着共线性，该关系为显著的正向共线性关系。

表 2-8 所有作物汇总数据下 Pearson 相关性相关表

变量	C1	C2	C3	C4	C5	C6	C7	C8	C9	C10	C11	C12	C13	C14	C15
C1	1.000														
C2	0.250	1.000													
C3	-0.144	0.377	1.000												
C4	0.174	0.052	-0.243	1.000											
C5	0.437	0.365 *	-0.154	0.188	1.000										
C6	-0.171	0.247	0.150	0.256	0.320	1.000									
C7	-0.272	-0.029	-0.214	0.794	-0.114	0.348	1.000								
C8	0.298	0.179	-0.138	0.235	0.502 *	-0.210	-0.173	1.000							
C9	0.034	0.204	-0.531	0.618	0.466 *	0.131	-0.058	0.246 *	1.000						
C10	-0.265 *	0.218	-0.236	0.444	0.595 ***	0.134	0.357 *	-0.090	0.468 *	1.000					
C11	0.105	0.234	0.673 *	-0.149	0.609 *	-0.020	0.148	0.140	0.005	0.329 *	1.000				
C12	-0.356	-0.188	0.271	-0.541	0.346	0.166	-0.040	-0.029	-0.241 *	0.381 *	0.206	1.000			
C13	-0.097	-0.087	-0.102	-0.121	-0.318	-0.261	-0.263	-0.252	-0.274	-0.143	-0.296	-0.091	1.000		
C14	-0.248	-0.058	-0.177	-0.123	-0.365	-0.282	-0.239	-0.262	-0.284	-0.240	-0.163	-0.100	0.568 **	1.000	
C15	0.097	-0.055	0.410	-0.231	-0.124	0.157	-0.324	0.192	-0.005	0.180	-0.084	0.017	0.280	0.349	1.000

*** $p<0.01$, ** $p<0.05$, * $p<0.1$。

进一步通过 PCA（主成分分析法），将这两个指标降纬成一个指标（表 2-9），第一个主成分累计贡献率已达 79.50%，说明第一个主成分基本包含了全部指标具有的信息。

表 2-9 指标 C13 和指标 C14 对指标 A3 主成分分析结果

主成分部分	特征值	方差贡献率	累计贡献率
第一主成分	1.985	0.795	0.795
第二主成分	0.510	0.205	1.000

再通过对载荷矩阵进行旋转，得到表 2-10，不难发现，即使降纬成一

个指标，指标 C13 "减施增效技术推广面积" 在第一主成分中占比很高，因而总体上可以考虑删去 C14 指标，即采纳减施增效技术农户总数这项指标。

表 2-10　载荷矩阵进行旋转结果

变量	第一主成分
C13 减施增效技术推广面积	0.8173
C14 采纳减施增效技术农户总数	0.4763

比较所有作物汇总数据和单独运用水稻作物数据情景下的 Pearson 相关性分析结果，虽然前者其共线显著水平较水稻数据下 1% 低，但反映出一致的趋势，依然可以考虑删去 C14 指标（采纳减施增效技术农户总数），而以 "减施增效技术推广面积" 来代表社会效益就足够。

但是，另外一个发现是指标层 C5 与指标 C10 间存在 1% 水平上的显著共线性，即 "土壤有机质" 和 "单位种植面积其他成本" 间存在共线性，且该关系为显著的正向共线性关系。单位种植面积其他成本是指作物生长季除肥料成本和人力成本之外的其他投入成本，实际包括 "单位种植面积种子或秧苗成本" "单位种植面积机械成本" 和 "单位种植面积农药成本" 及其他。进一步利用 "土壤有机质含量" 与 "单位种植面积其他成本" 进行拟合分析（图 2-4），揭示出土壤有机质含量与单位种植面积其他成本间存在 "U" 形关系，即当有机质含量过高而超过合理范围时，单位种植面积其

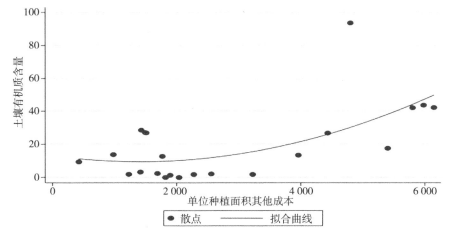

图 2-4　指标土壤有机质含量与指标单位种植面积其他成本拟合曲线

他成本也会随之增加。因此，两指标间显著的线性关系并不成立，可考虑忽略这一共线性。

3 评价指标体系确立

3.1 化肥减施增效技术应用的社会经济效果评价通适指标体系

通过 2.2 节两轮 Pearson 相关性检验法验证，确立了作物化肥减施增效技术应用的社会经济效果评价通适指标体系（表 2-11）。该指标体系所含 13 项指标互为独立、无相关或共线性，可以作为水稻、蔬菜、苹果和茶园化肥减施增效技术应用的社会经济效果评价的通适评价指标体系，换言之，可以用最核心的、最少个数的指标来客观评价化肥减施增效技术应用的社会经济效果。

表 2-11　稻、菜、茶、果化肥减施增效技术应用社会经济效果评价通适指标体系

目标层	准则层	指标层	子指标层
化肥减施增效技术评价指标体系 A	B1 技术优势	C1 化肥减施比例	D1 单位面积折纯化肥 N 用量减施比例
			D2 单位面积折纯化肥 P_2O_5 用量减施比例
		C2 技术轻简性	D3 单位面积节省劳动力数量
		C3 化肥利用率	D4 化肥 N 回收利用率/N 农学效率
		C4 地力提升	D5 有机质/全 N
			D6 速效磷
			D7 pH
	B2 经济效益	C5 产量	D8 单位种植面积收获作物产量
		C6 成本投入	D9 单位种植面积肥料成本
			D10 单位种植面积其他成本
		C7 净增收益	D11 与传统技术比净增收益
	B3 社会效益	C8 技术推广面积	D12 减施增效技术推广面积
		C9 地方政府纳入文件列为主推技术	D13 减施增效技术被省市县级政府纳入文件列为主推技术

3.2 稻、菜、茶、果化肥减施增效技术应用的社会经济效果评价指标体系

3.2.1 水稻化肥减施增效技术应用的社会经济效果评价指标体系

以表 2-8 化肥减施增效技术应用社会经济效果评价通适指标体系为蓝

本，结合水稻作物生长期间生理生态水分养分需求及农艺管理特点，经过专家组现场会议形式咨询，增补或替换了相关指标，如土壤全 N 代替有机质、速效钾代替 pH，增加了施肥方式指标，细化了通适指标中其他成本为单位种植面积人工成本、单位种植面积种子或秧苗成本、单位种植面积机械成本、单位种植面积农药成本和单位种植面积其余成本指标。同时，将通适指标体系中社会效益指标分解为社会效益和管理两指标，因为具体到推广面积效果如大小、多少，都与管理手段、有无管理必不可分，管理彰显了对推广的重视和潜在投入支持等。所替换和增加的指标进一步经过共线性分析，都互为独立，最终确立了粮作水稻化肥减施增效技术应用的社会经济效果评价指标体系（表 2-12）。

表 2-12　水稻化肥减施增效技术应用社会经济效果评价指标体系

目标层	准则层	指标层	子指标层
化肥减施增效技术评价指标体系 A	B1 技术优势	C1 化肥减施比例	D1 单位面积折纯化肥 N 用量减施比例
			D2 单位面积折纯化肥 P_2O_5 用量减施比例
		C2 技术轻简性	D3 单位面积节省劳动力数量
		C3 化肥 N 利用率	D4 农学效率
		C4 施肥方式	D5 面施或表施
			D6 深施
		C5 土壤地力	D7 土壤全 N
			D8 速效磷
			D9 速效钾
		C6 产量	D10 单位种植面积收获作物产量
	B2 经济效益	C7 成本投入	D11 单位种植面积肥料成本
			D12 单位种植面积人工成本
			D13 单位种植面积种子或秧苗成本
			D14 单位种植面积机械成本
			D15 单位种植面积农药成本
			D16 单位种植面积其余成本
	B3 社会效益	C8 净增收益	D17 与传统技术比净增收益
		C9 推广面积	D18 技术推广面积
	B4 管理	C10 地方政府配套政策	D19 省市县级政府是否纳入文件列为主推技术

3.2.2　设施蔬菜化肥减施增效技术应用的社会经济效果评价指标体系

以表 2-8 化肥减施增效技术应用社会经济效果评价通适指标体系为蓝本，结合蔬菜经济作物生长期间生理生态水分养分需求及农艺管理特点，经过专家组现场会议形式咨询，增补或替换了相关指标，如土壤有机质代替全

N，增加了土壤速效钾和施肥方式指标，细化了通适指标中其他成本为单位种植面积人工成本、单位种植面积种子或秧苗成本、单位种植面积机械成本、单位种植面积农药成本和单位种植面积其余成本，化肥 N 利用率以化肥 N 农学效率替代。同时，将通适指标体系中社会效益指标分解为社会效益和管理两指标，因为具体到推广面积效果如大小、多少，都与管理手段、有无管理必不可分，管理彰显了对推广的重视和潜在投入支持，等等。所替换和增加的指标进一步经过共线性分析，都互为独立，最终确立了经作设施蔬菜化肥减施增效技术应用的社会经济效果评价指标体系（表 2-13）。

表 2-13　设施蔬菜化肥减施增效技术应用的社会经济效果评价指标体系

目标层	准则层	指标层	子指标层
化肥减施增效技术评价指标体系 A	B1 技术优势	C1 化肥施用量	D1 单位面积折纯化肥 N 用量
			D2 单位面积折纯化肥 P_2O_5 用量
			D3 单位面积折纯化肥 K_2O 用量
		C2 技术轻简性	D4 单位面积节省劳动力数量
		C3 化肥利用率	D5 化肥 N 回收利用率
		C4 稳产下有机无机替代率	D6 有机物料替代化学 N 肥比例
		C5 施肥方式	D7 面施/表施
			D8 深施（含水肥一体化）
		C6 地力提升	D9 土壤有机质
			D10 速效磷
			D11 速效钾
			D12 pH 值
		C7 产量	D13 单位种植面收获作物产量
	B2 经济效益	C8 成本投入	D14 单位种植面积肥料成本
			D15 单位种植面积劳力成本
			D16 单位种植面积种子或菜苗成本
			D17 单位种植面积机械成本
			D18 单位种植面积农药成本
			D19 单位种植面积其余成本
	B3 社会效益	C9 净增收益	D20 与传统技术比净增收益
		C10 推广面积	D21 技术推广面积
	B4 管理	C11 地方政府配套政策	D22 省市县级政府是否纳入文件列为主推技术

3.2.3　苹果化肥减施增效技术应用社会经济效果评价指标体系

以表 2-8 化肥减施增效技术应用社会经济效果评价通适指标体系为蓝本，结合苹果经济作物生长期间生理生态水分养分需求及农艺管理特点，经过专家组现场会议形式咨询，增补或替换了相关指标，如土壤有机质代替全 N、增加了商品率、速效钾和施肥方式指标，细化了通适指标中其他成本为单位种植面积人工成本、单位种植面积机械成本、单位种植面积农药成本和单位种植面积其余成本指标，化肥 N 利用率以化肥 N 农学效率替代。同时，将通适指标体系中社会效益指标分解为社会效益和管理两指标，因为具体到推广面积效果如大小、多少，都与管理手段、有无管理必不可分，管理彰显了对推广的重视和潜在投入支持，等等。所替换和增加的指标进一步经过共线性分析，都互为独立，最终确立了经作苹果化肥减施增效技术应用的社会经济效果评价指标体系（表 2-14）。

表 2-14　苹果化肥减施增效技术应用的社会经济效果评价指标体系

目标层	准则层	指标层	子指标层
化肥减施增效技术评价指标体系 A	B1 技术优势	C1 化肥施用量	D1 单位面积折纯化肥 N 用量
			D2 单位面积折纯化肥 P_2O_5 用量
			D3 单位面积折纯化肥 K_2O 用量
		C2 技术轻简性	D4 单位面积节省劳动力数量
		C3 苹果商品率	D5 单位面积苹果商品率
		C4 化肥农学效率	D6 单位施 N 量所增加的苹果产量（AE）
		C5 稳产下有机无机替代率	D7 有机物料替代化学 N 肥的比例
		C6 施肥方式	D8 面施/表施
			D9 深施（含水肥一体化）
		C7 地力提升	D10 土壤有机质
			D11 速效磷
			D12 速效钾
			D13 pH 值
	B2 经济效益	C8 产量	D14 单位种植面积收获作物产量
		C9 成本投入	D15 单位种植面积人力成本
			D16 单位种植面积肥料成本
			D17 单位种植面积机械成本
			D18 单位种植面积农药成本
			D19 单位种植面积其余成本
		C10 净增收益	D20 与常规技术比净增收益
	B3 社会效益	C11 技术推广面积	D21 技术推广面积
	B4 管理	C12 地方政府配套政策	D22 省市县级政府是否纳入文件列为主推技术

3.2.4　茶园化肥减施增效技术应用社会经济效果评价指标体系

以表 2-8 化肥减施增效技术应用社会经济效果评价通适指标体系为蓝本，结合茶叶经济作物生长期间生理生态水分养分需求及农艺管理特点，经过专家组现场会议形式咨询，增补或替换了相关指标，如土壤全 N 代替有机质、增加了速效钾指标、茶叶品质指标（包括水浸出物、茶多酚、咖啡因和氨基酸）和施肥方式指标，细化了通适指标中其他成本为单位种植面积人工成本、单位种植面积机械成本、单位种植面积农药成本和单位种植面积其余成本指标，化肥 N 利用率以化肥 N 农学效率替代。同时，将通适指标体系中社会效益指标分解为社会效益和管理两指标，因为具体到推广面积效果如大小、多少，都与管理手段、有无管理必不可分，管理彰显了对推广的重视和潜在投入支持等等。所替换和增加的指标进一步经过共线性分析，都互为独立，最终确立了茶园化肥减施增效技术应用的社会经济效果评价指标体系（表 2-15）。

表 2-15　茶园化肥减施增效技术应用社会经济效果评价指标体系

目标层	准则层	指标层	子指标层
化肥减施增效技术评价指标体系 A	B1 技术优势	C1 化肥施用量	D1 单位面积折纯化肥 N 用量
			D2 单位面积折纯化肥 P_2O_5 用量
			D2 单位面积折纯化肥 K_2O 用量
		C2 技术轻简性	D4 单位面积节省劳动力数量
		C3 化肥农学效率	D5 单位施 N 量所增加的茶叶产量（AE）
		C4 稳产下有机无机替代率	D6 有机物料替代化学 N 肥的比例
		C5 施肥方式	D7 面施/表施/叶面喷施
			D8 深施用（含沟施、穴施、水肥一体化）
		C6 地力提升	D9 土壤全 N
			D10 速效磷
			D11 速效钾
			D12 pH 值
		C7 茶叶品质	D13 水浸出物
			D14 茶多酚
			D15 咖啡因
			D16 氨基酸
		C8 产量	D17 单位面积茶青产量
	B2 经济效益	C9 成本投入	D18 单位面积人工投入成本
			D19 单位面积肥料成本
			D20 单位面积机械成本
			D21 单位面积农药成本
			D22 单位面积其余成本
		C10 净增收益	D23 与传统技术比单位面积净增收益
	B3 社会效益	C11 技术推广面积	D24 技术推广面积
	B4 管理	C12 地方政府配套政策	D25 省市县级政府是否纳入文件列为主推技术

4　指标释义与量纲

为更好标准化指标，开展下一步研究，将作物化肥减施增效技术模式指标体系中所涉及的全部指标的释义与量纲一并标注于下表（表 2-16）。

表 2-16　作物化肥减施增效技术应用社会经济效果评价指标释义与量纲

种类	指标	单位	释义
四种作物共有指标	单位面积折纯化肥 N 用量减施比例	%	减施增效技术模式较常规模式单位种植面积折纯化肥 N 用量减施百分比
	单位面积折纯化肥 P_2O_5 用量减施比例	%	减施增效技术模式较常规模式单位种植面积折纯化肥 P_2O_5 用量减施百分比
	单位面积节省劳动力数量	个/hm²	减施增效技术模式较常规技术应用可节省的劳动力数量
	化肥 N 回收利用率/N 农学效率	kg/kg	化肥 N 回收效率 $RE_N = \dfrac{U-U_O}{F}$ 其中 U 为施肥后作物收获时地上部的吸氮总量，U_O 为未施肥时作物收获时地上部的吸氮总量，F 代表化肥氮的投入量，即减施增效技术模式较常规模式折纯化肥施 N 量所增加的作物产量。 N 的农学效率 $AE_N = \dfrac{Y-Y_O}{F}$，其中，Y 为施肥后所获的作物产量，Y_O 为未施肥时所获的作物产量，F 同上
	面施或表施	—	减施增效技术模式下化肥均匀撒于土壤表面的施肥方式
	深施	—	减施增效技术模式下化肥随耕旋埋于土壤或侧深施肥方式或水肥一体化送到作物根系
	有机质/全 N	g/kg	减施增效技术模式应用下每千克土壤中有机质含量或土壤/全氮含量
	速效磷	mg/kg	减施增效技术模式应用下每千克土壤中速效磷含量
	速效钾	mg/kg	减施增效技术应用下每千克土壤中速效钾含量
	单位种植收获作物产量	kg/hm²	减施增效技术模式应用下单位种植面积收获产量
	单位种植面积肥料成本	元/ha	减施增效技术模式应用下单位种植面肥料投入总费用
	单位种植面积机械成本	元/hm²	减施增效技术模式应用下单位种植面施用机械总费用
	单位种植面积农药成本	元/hm²	减施增效技术模式应用下单位种植面农药投入总费用
	单位种植面积人工成本	元/hm²	减施增效技术模式应用下单位种植面投入劳动力总费用
	单位种植面积其他成本	元/hm²	减施增效技术模式应用下单位种植面涉及上述成本之外其他投入总费用
	与传统技术比净增收益	元/hm²	单位种植面减施增效技术模式应用净收益与传统技术应用净收益之差
	减施增效技术推广面积	hm²	通过示范宣传减施增效技术模式在实际生产上得到推广应用的面积
	减施增效技术被省市县级政府纳入文件列为主推技术	—	减施增效技术是否被省级政府纳入文件列为主推技术

（续表）

种类	指标	单位	释义
水稻/蔬菜专有指标	单位种植面积种子或秧苗成本	元/hm²	减施增效技术模式应用下单位种植面购买种子或秧苗总费用
蔬菜/苹果/茶叶专有指标	单位面积折纯化肥 N 用量	kg/hm²	化肥减施增效技术应用下单位面积折纯化肥 N 用量
	单位面积折纯化肥 P_2O_5 用量	kg/hm²	化肥减施增效技术应用下单位面积折纯化肥 P_2O_5 用量
	单位面积折纯化肥 K_2O 用量	kg/hm²	化肥减施增效技术应用下单位面积折纯化肥 K_2O 用量
	有机物料替代化学 N 肥的比例	%	化肥减施增效技术以施用有机肥替代部分折纯化肥 N 的百分比
	pH 值	—	土壤酸碱程度
苹果专有指标	单位面积苹果商品率	%	苹果商品量占苹果总产量的比例
茶叶专有指标	水浸出物	%	每千克茶叶中水浸出物含量
	茶多酚	%	每千克茶叶中茶多酚含量
	咖啡因	%	每千克茶叶中咖啡因含量
	氨基酸	%	每千克茶叶中氨基酸含量

5 指标赋权

指标权重是指标在评价过程中不同重要程度的反映，是评估问题中指标相对重要程度的一种主观评价和客观反映的综合度量。权重的赋值合理与否，对评价结果的科学合理性起着至关重要的作用。本课题对指标体系各指标赋权，采用主观赋权法，即经过组织多轮作物（水稻、设施蔬菜、茶园、苹果）栽培种植、土壤学、植物营养学和农经等跨学科领域的近 100 位专家，根据他们的专业特长与经验，结合项目与课题实际目标要求，从准则层、指标层和子指标层不同维度，在一定程度上较为合理地按重要程度给予各个指标之间的排序，进而按重要程度给出指标打分。

水稻、设施蔬菜、茶园、苹果化肥减施增效技术应用的社会经济效果评价通适指标体系各指标的打分系数，遵循下述细则方法：同一层次不同维度指标系数之和为 100，各维度按其重要性给予不同的分值；而同一维度指标下包含具有隶属关系、不同层级、不同数量的指标，则同一隶属关系下同一层级指标系数之和为 100，其他依此类推打分。

作物化肥减施增效技术模式计算最终指标权重过程如下：首先确定准则层指标权重，基于各位专家对准则层指标不同重要程度的打分，以算数平均法计算得到各指标的权重，确定为准则层多个指标的最终权重；其次，计算准则层各指标下具有隶属关系的指标层各指标的权重，此时，与准则层某一指标具有隶属关系的指标层指标的权重实际上是准则层指标权重与指标层指标打分的乘积；最后，子指标权重则是与指标层某一指标具有隶属关系的指标层指标的权重和子指标层指标打分的乘积（图 2-5）。

图 2-5　作物化肥减施增效技术应用效果评价指标体系指标赋权过程

(1) 稻、菜、茶、果化肥减施增效技术应用社会经济效果评价通适指标体系指标赋权（表2-17）。

表2-17 稻、菜、茶、果化肥减施增效技术应用社会经济效果评价通适指标体系赋权

目标层	准则层	权重	指标层	权重	子指标层	权重
化肥减施增效技术评价指标体系A	B1 技术优势	43.10%	C1 化肥减施比例	12.86%	D1 单位面积折纯化肥N用量减施比例	7.64%
					D2 单位面积折纯化肥P$_2$O$_5$用量减施比例	5.23%
			C2 技术轻简性	8.99%	D3 单位面积节省劳动力数量	8.99%
			C3 化肥利用率	11.06%	D4 化肥N回收利用率/N农学效率	11.06%
			C4 地力提升	10.19%	D5 有机质	5.22%
					D6 速效磷	2.47%
					D7 pH值	2.50%
	B2 经济效益	32.23%	C5 作物产量	10.21%	D8 单位种植面积作物产量	10.21%
			C6 成本投入	10.15%	D9 单位种植面积肥料成本	5.57%
					D10 单位种植面积其他成本	4.58%
			C7 净增收益	11.87%	D11 与传统技术比净增收益	11.87%
	B3 社会效益	24.67%	C8 技术推广面积	18.09%	D12 减施增效技术推广面积	18.09%
			C9 地方政府纳入文件列为主推技术	6.58%	D13 减施增效技术被省市县级政府纳入文件列为主推技术	6.58%

（2）水稻化肥减施增效技术应用社会经济效果评价指标体系指标赋权（表 2-18）。

表 2-18　水稻化肥减施增效技术应用社会经济效果评价指标体系指标赋权

目标层	权重	准则层	权重	指标层	权重	子指标层	权重
化肥减施增效技术评价指标体系 A		B1 技术优势	41.45%	C1 化肥减施比例	8.86%	D1 单位面积折纯化肥 N 用量减施比例	5.42%
						D2 单位面积折纯化肥 P2O5 用量减施比例	3.44%
				C2 技术轻简性	10.54%	D3 单位面积节省劳动力数量	10.54%
				C3 化肥 N 利用率	8.28%	D4 农学效率	8.28%
				C4 施肥方式	1.92%	D5 面施或表施	0.79%
						D6 深施	1.13%
				C5 土壤地力	11.85%	D7 土壤全 N	4.73%
						D8 速效磷	3.60%
						D9 速效钾	3.52%
		B2 经济效益	25.86%	C6 产量	2.78%	D10 单位种植面积收获作物产量	2.78%
				C7 成本投入	10.99%	D11 单位种植面积肥料成本	2.36%
						D12 单位种植面积人工成本	2.32%
						D13 单位种植面积种子或秧苗成本	1.38%
						D14 单位种植面积机械成本	1.81%
						D15 单位种植面积农药成本	1.96%
						D16 单位种植面积其余成本	1.16%
				C8 增量收益	12.08%	D17 与传统技术比净增收益	12.08%
		B3 社会效益	18.11%	C9 推广面积	18.11%	D18 技术推广面积	18.11%
		B4 管理	14.58%	C10 地方政府配套政策	14.58%	D19 减施增效技术被省市县级政府是否纳入文件列为主推技术	14.58%

（3）设施蔬菜化肥减施增效技术应用社会经济效果评价指标体系指标赋权（表2-19）。

表2-19　设施蔬菜化肥减施增效技术应用社会经济效果评价指标体系指标赋权

目标层	权重	准则层	权重	指标层	权重	子指标层	权重
化肥减施增效技术评价指标体系 A		B1 技术优势	50.23%	C1 化肥施用量	12.39%	D1 单位面积折纯化肥 N 用量	5.52%
						D2 单位面积折纯化肥 P_2O_5 用量	3.66%
						D3 单位面积折纯化肥 K_2O 用量	3.21%
				C2 技术轻简性	9.61%	D4 单位面积节省劳动力数量	9.61%
				C3 化肥利用率	6.17%	D5 化肥 N 回收利用率	6.17%
				C4 稳产下有机物无机替代率	6.33%	D6 有机物料替代化学 N 肥的比例	6.33%
				C5 施肥方式	7.16%	D7 面施/表施	1.19%
						D8 深施（含水肥一体化）	5.97%
				C6 地力提升	8.58%	D9 土壤有机质	2.73%
						D10 速效磷	2.10%
						D11 速效钾	1.87%
						D12 pH值	1.87%
		B2 经济效益	21.23%	C7 产量	2.51%	D13 单位种植面积获农作物产量	2.51%
				C8 成本投入	7.39%	D14 单位种植面积肥料成本	1.81%
						D15 单位种植面积劳力成本	1.32%
						D16 单位种植面积种子或苗成本	1.16%
						D17 单位种植面积机械成本	0.92%
						D18 单位种植面积农药成本	1.37%
						D19 单位种植面积其余成本	0.80%
				C9 净收益	11.34%	D20 与传统技术比净增益	6.21%
		B3 社会效益	14.62%	C10 推广面积	14.62%	D21 技术推广面积	14.62%
		B4 管理	13.92%	C11 地方政府配套政策	13.92%	D22 减增效技术被市县省级政府是否纳入文件列为主推技术	13.92%

（4）苹果化肥减施增效技术应用社会经济效果评价指标体系指标赋权

表2-20　苹果化肥减施增效技术应用社会经济效果评价指标体系指标赋权（表2-20）。

目标层	准则层	权重	指标层	权重	子指标层	权重
化肥减施增效技术评价指标体系 A	B1 技术优势	30.70%	C1 化肥施用量	4.51%	D1 单位面积折纯化肥 N 用量	1.74%
					D2 单位面积折纯化肥 P₂O₅ 用量	1.38%
					D3 单位面积折纯化肥 K₂O 用量	1.38%
			C2 技术轻简性	4.58%	D4 单位面积节省劳动力数量	4.58%
			C3 苹果商品率	4.34%	D5 单位面积苹果商品率	4.34%
			C4 化肥农学效率	3.55%	D6 单位施 N 量所增加的苹果产量（AE）	3.55%
			C5 稳产下有机无机替代率	4.51%	D7 有机物料替代化学 N 肥的比例	4.51%
			C6 施肥方式	4.38%	D8 面施、满施	1.69%
					D9 泵施（含水肥一体化）	2.69%
					D10 土壤有机质	1.29%
			C7 地力提升	4.83%	D11 速效磷	1.16%
					D12 速效钾	1.32%
					D13 pH 值	1.05%
	B2 经济效益	30.70%	C8 产量	2.91%	D14 单位种植面积收获作物产量	2.91%
			C9 成本投入	10.66%	D15 单位种植面积肥料肥成本	2.44%
					D16 单位种植面积劳力成本	2.78%
					D17 单位种植面积机械成本	1.79%
					D18 单位种植面积农药成本	2.04%
					D19 单位种植面积其余成本	1.61%
			C10 净增收益	17.12%	D20 与常规技术比净增收益	17.12%
	B3 社会效益	20.46%	C11 技术推广面积	20.46%	D21 技术推广面积	20.46%
	B4 管理	18.14%	C12 地方政府配套政策	18.14%	D22 减施增效技术被省市县级政府是否纳入文件列为主推技术	18.14%

（5）茶园化肥减施增效技术应用社会经济效果评价指标体系指标赋权（表2-21）。

表2-21 茶园化肥减施增效技术应用社会经济效果评价指标体系指标赋权

目标层	准则层	权重	指标层	权重	子指标层	权重
化肥减施增效技术评价指标体系A	B1 技术优势	29.36%	C1 化肥施用量	5.33%	D1 单位面积折纯化肥N用量	2.58%
					D2 单位面积折纯化肥 P_2O_5 用量	1.37%
					D3 单位面积折纯化肥 K_2O 用量	1.37%
			C2 技术轻简性	4.49%	D4 单位面积节省劳动力数量	4.49%
			C3 化肥农学效率	5.25%	D5 单位施N量所增加的茶叶产量（AE）	5.25%
			C4 稳产下有机物无机替代率	3.21%	D6 有机物料替代化学N肥的比例	3.21%
			C5 施肥方式	3.98%	D7 面施/表施/叶面喷施	1.53%
					D8 深施（含沟施、穴施、水肥一体化）	2.45%
			C6 地力提升	4.05%	D9 土壤全N	1.78%
					D10 速效磷	0.69%
					D11 速效钾	0.87%
					D12 pH值	0.71%
			C7 茶叶品质	3.05%	D13 水浸出物	0.73%
					D14 茶多酚	0.90%
					D15 咖啡因	0.52%
					D16 氨基酸	0.90%
	B2 经济效益	27.29%	C8 产量	3.11%	D17 单位种植面积茶青产量	3.11%
			C9 成本投入	11.43%	D18 单位种植面积人工投入成本	2.55%
					D19 单位种植面积肥料成本	2.87%
					D20 单位种植面积机械成本	1.73%
					D21 单位种植面积农药成本	2.39%
					D22 单位种植面积其余成本	1.88%
			C10 净增效益	12.75%	D23 与传统技术比单位面积净增收益	12.75%
	B3 社会效益	20.36%	C11 技术推广面积	20.36%	D24 技术推广面积	20.36%
	B4 管理	22.99%	C12 地方政府配套政策	22.99%	D25 减施增效技术被省市县级政府是否纳入文件列为主推技术	22.99%

第3章 作物化肥减施增效技术应用的社会经济效果评价方法

基于已经建立的水稻、蔬菜、苹果和茶园四种不同作物化肥减施增效技术应用的社会经济效果评估指标体系及其专家主观赋权，还需要选择合适的评价方法开展不同作物化肥减施增效技术应用的社会经济效果综合评价。

1 评价方法与指标赋权综述

19世纪末，国外多目标决策开始萌芽发展。Saaty（1978）提出了层次分析法（AHP），Charnes（1978）提出了数据包络分析法（DEA分析法），Roy（1991）提出了ELECTRE法，又叫和谐性分析方法。随后，随着科学技术的不断发展，以及其他学科领域的相互交叉融合，其他学科的理论不断引入，综合评价方法也随之越来越丰富，如信息论方法、动态综合评价方法等。国内的综合评价方法大多是借鉴国外的综合评价方法，并在原有基础上进行改进。梳理国内外的综合评价方法，大概有数十种之多。彭张林（2015）将综合评价方法分为了定性评价方法、定量评价方法、基于统计分析的评价方法、基于目标规划模型的评价方法以及多方法融合的综合评价方法。也有部分学者将综合评价方法分为了主观赋权评价法和客观赋权评价法。主观赋权评价法式是一种定性的评价方法，根据专家经验和偏好进行主观赋权和评价，主要包括层次分析法、模糊综合评判法。客观赋权评价法式是基于指标间的相关关系或变异系数进行赋权和评价，主要包括灰色关联度法、因子分析法和主成分分析法等（虞晓芬 等，2004；李艳双 等，1999）。俞立平等（2009）认为科技评价方法可以分为主观评价法、客观评价法和主客观相结合的评价方法，并且指出部分评价方法因为评价原理的不同，计算的只是评价值并没有权重，例如灰色关联法、TOPSIS法等。由此可见，前面学者提出将评价方法分为主观赋权评价方法和客观赋权评价方法两类并不全面，并且存在分歧。

综合评价方法被广泛应用于经济、管理、社会等各个方面，也有不少的评价方法被用来评价农业技术，杨慧莲（2016）在研究新型农业技术推广中，从农户满意度的视角出发，基于其较强的模糊性，难以进行定量描述，因此选择了综合模糊评价法来进行评价。姚延婷（2018）在评价环境友好型技术创新能力中，因对创新能力造成影响的因素的不确定性，从而选择了多层灰色综合评价方法。综合评价的方法很多，所以在选择评价方法的时候要根据所评价的技术具体情况具体分析，并且要充分考虑到评价方法的优缺点以及所适用的范围进行选择，这样所评价出来的结果才能更加科学有效。

指标权重代表的是各个指标在指标体系中的重要程度。在对技术进行综合评价的过程中，赋予指标权重是极其关键的一个步骤。通过阅读大量的文献可知，指标赋权大致分为三大类，即主观赋权法、客观赋权法和组合赋权法。主观赋权法是在决策者的经验基础上，根据决策者认为指标的重要性而对各指标进行赋权的一种方法，因此带有较强的主观随意性；客观赋权法是基于实际的数据，根据数据所反映的客观信息进行赋权的一种方法；组合赋权法是把两种及以上的赋权方法相结合的一种综合赋权法，两者结合可以很大程度上汲取其优势，而弥补方法之间的缺点。杨宇（2006）指出常见的主观赋权法有专家评判法和层次分析法等，客观赋权法有主成分分析法、变异系数法、熵值法、多目标优化法、复相关系数法等，组合赋权法有乘法合成法、线性加权组合法等，而且还指出最小隶属度加权平均偏差法和基于神经网络的权数确定方法不应该纳入赋权的方法当中来。此外，根据前面对综合评价方法的研究发现，部分客观评价法因评价原理的不同本身可以确定指标权重，例如熵权法和主成分分析法等，因此部分综合评价方法本身也是一种权重确定方法。俞立平（2020）指出在科技评价中，应用比较广泛的有熵权法、主成分分析法、因子分析法、离散系数法、复相关系数法和CRITIC法等，并且通过研究表明，除熵权法和离散系数法外，其他几种方法因信息损失或相关度等问题，应当慎重选择。汪克夷等（2009）将变异系数法和距优平方和法相结合用来进行科技评价，避免了单一赋权的片面性以及主观赋权的主观随意性和周期过长的缺点，还能够充分挖掘原始数据的信息。指标赋权的方法种类较多，同样也是各自具备自身的优点和缺点，就目前来看，对于指标赋权方法选择的问题并没有准确标准的参考。朱喜安等（2016）学者就该问题提出了6项赋权方法的优良评判标准，即对被评价对象和客观条件的适应性、分布一致性、相关度、离散程度、内在一致性、导向作用。该研究为综合评价中对指标赋权方法的选择提供了很好的标准，选择优良的指标赋权方法能够使得评价结果更加准确和客观。指标赋权的方法已经很成熟了，针对不同的评价对象，以及不同的评价方法，还需要选择科学合理的赋权方法。

2 确定评价模型

在确定评估对象的指标之后，需要结合监测点的实际数据对技术进行综合评估，对此，还需要对各个指标进行赋权，以便获综合评估值。

根据信息论理论，人们通常应用熵值来表征不确定性。人们对所研究事物获取的信息量越大，则对该事物认识的不确定性就越小，熵值也就越小，反之亦然。根据熵值的这一特性，在进行多指标综合评估时，我们可以利用熵值判断某个指标的离散程度，指标的离散程度越大，该指标对综合评估的影响就越大，则对该指标所赋权重也应该越大。

对综合评估指标体系中权重的确定问题，许多学者根据自己的理论研究和实践提出了确定权重的方法，主要有两大类：第一类是主观赋权法，如专家调查法、二元对比排序法、环比评分法、层次分析法等；第二类是客观赋权法，如主成分分析法、聚类分析法、熵值等；此外还有一类是组合赋权法，它是主观和客观赋权法的有机组合。

本研究中，若是应用主观赋权法，就是根据一批对作物化肥减施增效技术应用效果有相当认识的专家，对各单项经济效益指标、社会效益指标等各项指标分别给出权重值，随后综合全部专家的权重值，最后确定各指标的权重。若是应用客观赋权法，就是根据事先确定的一种客观加权准则，再由研究对象的样本提供信息，用数学或统计的方法计算出权重。

这两种赋权法各有利弊：主观赋权法的基础是专家们对研究对象必须非常熟悉，倘若因某种原因这一条件不能满足，则给出的评估结果会出现偏差。例如很可能会出现这样结果：某些指标的离散程度较大，根据客观赋权法，应该有较大的权重，而主观赋权法赋予的权重却较小，反之亦然；客观赋权法排除了大部分的主观成分，所以一般来说，其得出的结果是属"中性"的。可是，客观赋权法总是某种准则下的最优解，若仅在数学上考虑其"最优"，也会出现不尽合理的结果。例如很可能会出现这样的结果：某个指标根据客观赋权法给出的权重值，落入了主观赋权法给出的权重值区间之外，亦即与专家们的理论认知和实践认知脱节。

在本研究中对各个指标进行赋权时，我们既要充分吸纳已邀请专家们对评估指标权重的主观赋值，也要充分注重各项评估指标实际监测值的变动状况；并按照"三位一体"思想的三层含义进行评估：即评估目的和被评估事物都是根据课题研究需要所确定的，二者之间具有一致性；评估方法的选取要与化肥减施增效技术应用效益评估的目的相一致，能充分体现课题研究本身的目的和愿望；评估方法的特点与被测评事物的特点相吻合。为此，我们采用综合了主观赋权法和客观赋权法的专家咨询约束下的主成分分析评估方法。

2.1 专家约束下的主成分分析模型

主成分分析（Principal Components Analysis，PCA）是研究如何将多个变量转化为少数几个综合变量（主成分）的一种统计降维技术。思想是将具有一定相关性的多个指标整合成一组新的互相无关的主成分指标来代替原来的指标。这种方法使整合出来的主成分既能够代表原始变量的绝大多数信息的同时，又互不相关（鲍学英 等，2016）。其主要分析步骤为：先进行指标数据标准化处理，其次判定指标间相关性，然后根据方差贡献率确定主要成分个数，最后写出主成分表达式并为其重新命名。不过，该主成分分析法以主成分因子的方差贡献率作为权重，忽略了指标的实际意义，得到的指标权重和评价结果可能与实际情况不相符合。为此，为了解决这个问题，本文确定权数的过程中，把权重约束在专家打分所限定的权重范围之内，即采用专家约束下的主成分分析模型。此方法是一种后加权的方法，即在数据采集之前，即便有已邀专家组专家给出主观权重，但指标的最终权数尚未确定，因此，不会在提供数据时产生人为偏向。此方法最大的优势是可以将主客观赋权法相结合，既有技术实测数据保证结果的客观性，一定程度上减弱专家赋权的主观随意性，又将权重约束在专家打分赋权的最大值和最小值之间，避免结果过分追求最优而脱离实际（姜国麟 等，1996）。

2.1.1 计算步骤

专家约束下的主成分分析模型的具体运用步骤可描述如下：

第一步，假设指标个数为 k，记为 I_1、I_2、L、I_k，有 n 项技术模式，则对应的样本记为：

$$I_1 \hat{=} \begin{pmatrix} X_{11} \\ X_{12} \\ \cdot \\ \cdot \\ \cdot \\ X_{1n} \end{pmatrix}, I_2 \hat{=} \begin{pmatrix} X_{21} \\ X_{22} \\ \cdot \\ \cdot \\ \cdot \\ X_{2n} \end{pmatrix}, \cdots, I_k \hat{=} \begin{pmatrix} X_{k1} \\ X_{k2} \\ \cdot \\ \cdot \\ \cdot \\ X_{kn} \end{pmatrix}$$

对样本数据进行标准化处理,消除量纲:

逆向指标:$X'_{ij} = \dfrac{\overline{X}_j - X_{ij}}{\delta_j}$

正向指标:$X'_{ij} = \dfrac{X_{ij} - \overline{X}_j}{\delta_j}$

其中,i 为第 j 个评价对象,j 为第 j 项指标,X_{ij} 为原始数据,X'_{ij} 为标准化后的数据,$\overline{X}_j$ 为在第 j 项指标下的原始数据均值,δ_j 在第 j 项指标下的原始数据标准误差。

第二步,计算 I_1、I_2、L、I_k,的方差和协方差矩阵 Var 的估计值 $\hat{\Sigma}$,可利用 SPSS 软件进行计算。

第三步,通过专家咨询获得各指标权数的下限 α_j 和上限 $\beta_j (j = 1, 2, \cdots, k)$,$0 < \alpha_j < \beta_j < 1$。

第四步,根据计算出的协方差矩阵,构建一个最优化数学模型。

$$\begin{cases} \max\{a'\hat{\Sigma}a\} \\ \| a \| = 1 \end{cases}, \qquad \alpha_j \leqslant a_j \leqslant \beta_j \qquad j = 1, 2, \cdots, k$$

其中,a_j 为各指标的权重,$a = (a_1, a_2, \cdots, a_k)^T$,$a$ 的值可通过 Mathematica11.3 进行计算。重复上述步骤即可获得子指标层各子指标在对应的指标层中所占权重。

第五步,根据各子指标层指标标准化值与子指标在指标层所占权重,可计算指标层各指标数值。如指标 C_1 化肥施用强度指标值,等于 D_1、D_2、D_3 标准化值分别乘以三个指标的权重,即 $X_{iC1} = X'_{iD1} \times a_{D1} + X'_{iD2} \times a_{D2} + X'_{iD3} \times a_{D3}$。重复上述步骤即可获得指标层所有的指标值。依此类推,最终获得目标层指标值即为评价结果。

2.1.2　关于权数的数值算法

由 2.1.1 第四步可知,所构建出的最优化数学模型公式本质上是表现为一个二次函数的条件极值问题。

$$\begin{cases} \max\{a'\hat{\Sigma}a\} \\ \|a\|=1 \end{cases}, \quad \alpha_j \leq a_j \leq \beta_j \quad j=1,2,\cdots,k$$

若将权数的区间限制除去，则上述问题的解是大家熟知的 $\hat{\Sigma}$ 最大特征值对应的特征向量；而加上区间限制条件，情况就完全不同了。这里，我们面对的是应用问题，所以没有必要给出一般解的表达方式，只要给出解，得到数值解的算法即可，即得到评判指标的权重。

首先令：

$$y=f(a)=a'\hat{\Sigma}a$$

显然，这是一个 k 元的二次函数。这里，将 a 看作 k 元自变量，该函数在任一点 a 上的梯度为 $\vec{\tau}=grad(f)|_{a=a_0}$

由于 a 限制在单位球上取值，不妨设 $a_0=1$，把 $\vec{\tau}$ 的起始点移到 a，且仍记为 $\vec{\tau}$，若 $\vec{\tau}$ 与单位球在 a 点上的法向量 $\vec{n}$ 不共线，则我们可以过 $\vec{\tau}$ 和 $\vec{n}$ 作一平面 π，由 π 和单位球相交得曲线 L。

容易看到在 L 上沿与 $\vec{\tau}$ 同向（锐角）取值，f 的值增长最快。注意到 π 是过原点的，所以在实际计算中不必作平面 π，更不用求曲线 L，只需将 $\vec{\tau}$ 的起始点移至 a。之后，在 $\vec{\tau}$ 上按定长 h 确定一点 b（b 在 $\vec{\tau}$ 上），将 b 与原点作连直线，该直线与单位球面的交点，即是下一点计算的"a"点。重复上述过程，并且，同时考虑区间的限制条件，即得到了 a 的数值。

程序退出循环的条件是①"a"取值越界；②$\vec{\tau}$ 与 $\vec{n}$ 共线；③相邻两点 f 的值"充分"靠近。

上述3个条件有一个满足即退出循环，并输出运算结果。

2.1.3 关于算法中的几个理论问题

（1）关于距离的定义。

在本课题求权数的问题中，所用到的矩阵 $\hat{\Sigma}$ 是实对称的，为使问题简化，我们直接用欧氏距离，即

$$\|a\|=\sqrt{\sum_{i=j}^{k}a_i^2}$$

（2）关于梯度 $\vec{\tau}$ 的指向。

不难看出，在权数的数值算法中，单位球面上梯度的正向要求指向单位球的外部。下面我们证明这一点：

记：$\hat{\Sigma}=(x_{ij})_{n\times k}$，求 $f(a)$ 的梯度，得：$\vec{\tau}=grad(f(a))=2\hat{\Sigma}a$

现设 a 在单位球面上，即 $\|a\|=1$，将 a 与 a 点上的梯度作内积，有 $(a,\vec{\tau})=(a,2\hat{\Sigma})=2a'\hat{\Sigma}a$，注意到单位球在 a 点上的法向量与 a 同向，又 $\hat{\Sigma}$

是非负定矩阵，所以 $(a, \vec{\tau}) = (a, 2\hat{\Sigma}a) = 2a'\hat{\Sigma}a \geqslant 0$，即 a 与 $\vec{\tau}$ 的夹角余弦 $\cos\theta$ $\geqslant 0$，从而得到 $0 \leqslant \theta \leqslant \pi/2$，得证。

（3）关于权数解的存在性。

首先考虑单位球面，因为 $f(a)$ 是定义在 k 维实空间上的二次函数，所以在单位球面上的任一点 a^*，$a^* = 1$，$f(a^*)$ 均有意义。

下面考虑矩形域

$$\left\{ \alpha_i \leqslant a_i \leqslant \beta_i \,\middle|\, i = 1, 2, \cdots, k \right\}$$

显然，若不加限制，上述矩形域可能与单位球面不交，从而无解。为此，我们必须对矩形域加以限制。考虑到矩形域中离坐标原点最远的点是 $(\beta_1, \beta_2, \cdots, \beta_k)$，容易证明，当 $\sum\limits_{i=1}^{k} \beta_i^2 \geqslant 1$ 时，权数问题有解。

实际上，当 $\sum\limits_{i=1}^{k} \beta_i^2 = 1$ 时，其解就是 $(a_1, a_2, \cdots, a_k)^t = (\beta_1, \beta_2, \cdots, \beta_k)^t$，显然意义不大。所以，我们一般要求 $\sum\limits_{i=1}^{k} \beta_i^2 > 1$。

（4）关于稳健性。

我们知道，任何一种实用的、经得起实践考验的统计方法都必须是稳健的。我们在求权数过程中，若对条件做微小的改变而产生权数结构发生根本性的变化，则该方法就毫无意义。事实上，在我们所用的方法中，权数反映的是指标与指标之间内蕴的特征，所以，其结果必然是稳健的。下面用一个定理来表述。

定理：设 D 为前述 k 维有界矩形闭区域，且 D 与单位球面不空，记 $a = (a_1, a_2, \cdots, a_k)$ 是问题 $\begin{cases} \max\limits_{a}\{a'\hat{\Sigma}a\} \\ a \in D, \end{cases}$ 且 $\|a\| = 1$ 的解。如果 $\hat{\Sigma}$ 主对角线上二个元素满足 $x_{ii} > x_{jj}(i<j)$，且 $(a_1, a_2, \cdots, a_{i-1}, a_j, a_{i+1}, \cdots, a_{j-1}, a_i, a_{j+1}, \cdots a_k) \in D$，则有 $a_i \geqslant a_j$。

证：为叙述简洁，不妨设定理中的 i, j 为 $i=1, j=2$。从而由 $x_{11} > x_{22}$，要证 $a_1 \geqslant a_2$。用反证法：

设 $a_1 < a_2$，由于 $x_{11} > x_{22}$，可记为 $x_{11} = x_{22} + h$，这里 $h > 0$。

$$f(a) = a'\hat{\Sigma}a = \sum_{i,j} x_{ij}a_i a_j = \sum_{i=1}^{k} x_{ii}a_i^2 + \sum_{\substack{i,j \\ i \neq j}}^{k} x_{ij}a_i a_j$$

$$= (x_{22} + h) a_1^2 + x_{22} a_2^2 + (x_{33} - x_{22}) a_3^2 + \cdots + (x_{kk} - x_{22}) a_k^2 + \sum_{\substack{i,j \\ i \neq j}}^{k} x_{ij} a_i a_j$$

$$= h a_1^2 + x_{22} + \sum_{i=3}^{k} (x_{ii} - x_{22}) a_i^2 + \sum_{\substack{i,j \\ i \neq j}}^{k} x_{ij} a_i a_j$$

现在我们将 a_1 与 a_2 对换，得 $f(a^*) = h a_2^2 + x_{22} + \sum_{i=3}^{k} (x_{ii} - x_{22}) a_1^2 + \sum_{\substack{i,j \\ i \neq j}}^{k} x_{ij} a_i a_j$，显然，$f(a^*) > f(a)$。注意到 $a^* = (a_1, a_2, \cdots, a_k) \in D$ 及 $f(a)$ 最大，即得矛盾，从而定理得证。

这个定理告诉我们，若 $\hat{\Sigma}$ 的主对角线上的元确定，同时 D 对分量置换不变，则权数的序就定下来了，而其具体取的值，则需要由 $\hat{\Sigma}$ 的全部信息计算得到。

2.1.4 Mathematica 求解程序

本项目研究实际使用 Mathematica 软件来求解问题：

$$\begin{cases} \max_{a} \{ a' \hat{\Sigma} a \} \\ \| a \| = 1, \end{cases} \quad a_1 \leqslant a_i \leqslant \beta_i, \quad i = 1, 2, \cdots, k$$

其中，a 即为权重向量。

具体步骤如下：

（1）对指标 $I_1, I_2, \cdots, I_k$，通过用专家咨询表的形式，由专家给出各个指标权数的上、下限 $\alpha_i \setminus \beta_i (i = 1, 2, \cdots, k)$。显然，$0 < \alpha_i < \beta_i < 1$。

（2）对数据 $I_1, I_2, \cdots, I_k$ 进行无量纲化处理，并使其样本期望为零。为此，首先使用 2.1.1 的方法进行无量纲化处理，再对处理后的指标值进行均值为零处理。

（3）由整理好的数据算出 $I_1, I_2, \cdots, I_k$ 的方差和协方差矩阵 Var 的值 $\hat{\Sigma}$。

（4）将各表达式输入 Maximize$[\{f, cons\}, \{a_1, a_2, \cdots, a_k\}]$。其中 f 即为 $a' \hat{\Sigma} a$，cons 即为 $\alpha_i \leqslant a_i \leqslant \beta_i, (i = 1, 2, \cdots, k)$。

2.1.5 指标赋权理性原则

本研究涉及四个作物品种，且各品种的评估指标不尽相同。但是，对各品种相同的评估指标进行赋权时，理论上应该满足经济学意义的理性原则，其理论根据源于微观经济学的弱公理。

设 B 为由选择集组成的集簇（即四个作物品种评估指标集组成的集簇），B_1 为某个选择集（即某个作物品种的评估指标集），B_2 为另一个选择集（即另一个作物品种的评估指标集），x_1、x_2 是两个元素（即评估指标），$C(B_1)$、$C(B_2)$ 分别是这两个选择集选择出的元素组成的集合（即权重大于某个统一标准数值的指标组成的集合）。

微观经济学弱公理：

若对于某一 $B_1 \in B$，且 $x_1, x_2 \in B_1$，有 $x_1 \in C(B_1)$，则对于任意 $B_2 \in B$，且 $x_1, x_2 \in B_2$，$x_2 \in C(B_2)$，则必有 $x_1 \in C(B_2)$。

故，如果在某一作物品种的评估指标体系中，x_1 的权重大于 x_2 的权重，则如果 x_1、x_2 都出现在另一个作物评估指标体系中，x_1 的权重至少不低于 x_2 的权重。

从经济学理论上讲，在四个作物评估指标赋权过程中，这一理性原则应该得以体现。在本项目研究中，这一理性原则在赋权过程中也确实得到了充分的体现。若计算出的权重不满足这一理性原则，根据专家咨询调查的结果进行再次调整。

2.2　基于专家意见多重相关性的灰色关联分析模型

在多指标综合评估中，评估目标往往具有灰色性，因而运用灰色关联分析方法进行综合评估也是适宜的。而且综合评估时，这种方法的数学处理不太复杂，能使用样本所提供的全部信息。它不仅等同看待各评估指标，可避免主观因素对评估结果的影响；而且能通过改变分辨系数的大小来提高综合评估的区分效度。但灰色关联分析法作为一种经典的客观评价法，该方法所计算的只有评价值，而没有权重，因此，这里我们将灰色关联分析法与专家意见多重相关性赋权法相结合，形成一个主客观结合的评价模型，即基于专家意见多重相关性的灰色关联分析模型，对前一评价模型的评估结果进行辅助验证。

2.2.1　专家组多重相关性赋权法

采用基于专家组合多重相关的赋权方法，即通过获取专家组的打分意见，建立权重（打分）矩阵，然后计算两个不同专家打分之间的相关系数，利用打分意见的相关性，重新赋予每个指标专家组意见一致的权重。专家组多重相关性赋权法计算步骤如下：

第一步：建立权重（打分）矩阵。设指标个数为 n 个，由 m 名专家对各个指标进行打分，获得 m 个主观权重组合，构成权重（打分）矩阵 W 为：

$$W = \begin{pmatrix} \omega_1^1 & \omega_2^1 & \cdots & \omega_n^1 \\ \omega_1^2 & \omega_2^2 & \cdots & \omega_n^2 \\ \vdots & \vdots & \ddots & \vdots \\ \omega_1^m & \omega_2^m & \cdots & \omega_n^m \end{pmatrix}$$

第二步：计算专家 p 与专家 q 之间相关系数 r_{pq}。综合计算得出 m 名专家指标权重的相关系数，相关系数范围为 $[-1，1]$，若正相关，且相关系数越大，则两位专家的意见越一致，同时定义他们为较权威专家；若是负相关，且相关系数越小，则两位专家意见越相悖，并定义该专家为较不权威专家。较权威的专家所赋权重，将在最终的权重结果中占有重要地位。相关系数计算公式如下：

$$r_{pq} = \frac{\sum\limits_{k=1}^{n}(\omega_k^p - \overline{\omega}^p)(\omega_k^q - \overline{\omega}^q)}{\sqrt{\sum\limits_{k=1}^{n}(\omega_k^p - \overline{\omega}^p)^2}\sqrt{\sum\limits_{k=1}^{n}(\omega_k^q - \overline{\omega}^q)^2}}$$

$$\overline{\omega}^p = \sum_{k=1}^{n} \omega_k^p / n$$

第三步：得到各位打分专家的相关系数矩阵 R（为了方便，这里运用了 SPSS 软件进行计算）。

$$R = \begin{vmatrix} r_{11} & r_{12} & \cdots & r_{1m} \\ r_{21} & r_{22} & \cdots & r_{2m} \\ \vdots & \vdots & \ddots & \vdots \\ r_{m1} & r_{m2} & \cdots & r_{mm} \end{vmatrix}$$

第四步：对矩阵 R 进行归一化处理，然后得到归一化后的相关系数矩阵 R'。具体计算公式，如下：

$$r'_{pq} = r_{pq} / \sum_{q=1}^{m} r_{pq}$$

$$R = \begin{vmatrix} r'_{11} & r'_{12} & \cdots & r'_{1m} \\ r'_{21} & r'_{22} & \cdots & r'_{2m} \\ \vdots & \vdots & \ddots & \vdots \\ r'_{m1} & r'_{m2} & \cdots & r'_{mm} \end{vmatrix}$$

第五步：计算专家加权权重矩阵 Q：

$$Q = R' \cdot W$$

此时，专家加权权重矩阵不具有收敛性，为了获得收敛矩阵，即获得一致性的指标赋权值，需要重复此过程。即每一次将此矩阵作为新的权重矩阵，重复第二步至第五步的过程，直至得到收敛的权重结果。

第六步：求出各个层次指标的最终主观权重。计算收敛的加权权重矩阵各列的平均值，将平均值进行绝对值归一化处理，最终得到主观权重。为了方便接下来公式的表示，在这里将 n 个子指标的权重记为列矩阵 $\overline{\omega}$。

2.2.2　灰色关联法信息集结

在获取指标权重后，即可对指标信息进行集结，具体步骤如下。

第一步：将原始数据（t 项技术模式各项指标的实际监测数据）进行标准化处理，消除量纲：

逆向指标：$X'_{ij} = \dfrac{\overline{X}_j - X_{ij}}{\delta_j}$

正向指标：$X'_{ij} = \dfrac{X_{ij} - \overline{X}_j}{\delta_j}$

其中，X_{ij} 为第 i 个评价对象的第 j 项指标值；$\overline{X}_j$ 为评价对象第 j 项指标的均值，δ_j 为评价对象第 j 项指标的标准差。

第二步：构造比较数列和参考数列。以原始数据标准化后的数据作为比较数列，并将其记为 $x_i(k)$，比较数列记为 X_i；以标准化后不同技术下同一指标的最优值作为参考数列，记为 $x_0(k)$，参考数列记为 X_0，具体如下：

$$X_i = \{x_i(k) \mid k = 1, 2, \cdots, n\} = (x_i(1), x_i(2), x_i(3), \cdots, x_i(n))$$
$$X_0 = \{x_0(k) \mid k = 1, 2, \cdots, n\} = (x_0(1), x_0(2), x_0(3), \cdots, x_0(n))$$

第三步：计算关联系数，并将关联系数构成矩阵记为 E，把规范化后的数列与参考数列进行比较，得出第 k 个指标的关联系数：

$$\varepsilon_i(k) = \frac{\min\limits_i \min\limits_k |x_0(k) - x_i(k)| + \rho \, \max\limits_i \max\limits_k |x_0(k) - x_i(k)|}{|x_0(k) - x_i(k)| + \rho \, \max\limits_i \max\limits_k |x_0(k) - x_i(k)|}$$

其中，ρ 为分辨系数，介于 0 与 1 之间，一般取值为 0.5。

$$E = \begin{vmatrix} \varepsilon_1(1) & \varepsilon_1(2) & \cdots & \varepsilon_1(n) \\ \varepsilon_2(1) & \varepsilon_2(2) & \cdots & \varepsilon_2(n) \\ \vdots & \vdots & \ddots & \vdots \\ \varepsilon_t(1) & \varepsilon_t(2) & \cdots & \varepsilon_t(n) \end{vmatrix}$$

第四步：计算评估数值矩阵。由关联系数矩阵 E 和专家组多重相关性赋权法所计算的意见一致的主观权重 $\overline{\omega}$ 的乘积得到评估数值矩阵 D：

$$D = E \cdot \overline{\omega}$$

第4章　长江中下游水稻化肥减施增效技术应用的社会经济效果实证评价

　　长江中下游平原是指中国长江三峡以东的中下游沿岸带状平原，地跨中国鄂、湘、赣、皖、苏、浙、沪等7省市。平原区自然条件优越，素有"水乡泽国"之称，其光热水资源禀赋非常适合水稻生产。据国家统计局数据显示（国家统计局，2018），2017年长江中下游地区的水稻产量为10 864.3万t，占全国水稻总产量的51.08%，是我国最大的水稻主产区。但是在水稻集约化生产过程中，不合理的化肥使用不可避免导致负面环境问题，尤其是过量施用化肥会使氮、磷等养分随地下淋溶或地表径流迁移等途径进入受纳水体，造成水体富营养化等农业面源污染问题。研究表明，2011年长江中下游农业种植向水环境排放的氮总量高达75.58万t，是该地区农业面源污染的主要氮污染源（赖敏，2016）。该地区2017年化肥施用总量达1 412.3万t，占全国总量的24.10%。鉴于长江中下游地区的水稻种植制度几乎涵盖我国稻区全部耕作类型，国家优先选取在此区域进行首批化肥减施增效技术研发试验。为科学评价研发集成的稻作化肥减施增效技术应用的社会经济效果，客观了解该地区稻农水稻种植化肥施用现状就显得非常重要且必要。为此，本章主要呈现稻农在水稻常规种植模式下的生产成本效益与化肥投入水平调研考察结果，以及运用基于专家意见多重相关性的灰色关联度模型和专家约束下的主成分分析模型方法对几种受评化肥减施增效技术模式应用的社会经济效果试评价结果，以期为不同化肥减施增效技术或技术模式的后续推广提供科技决策支撑与参考。

1　受访区域概况

　　为深入了解水稻种植成本效益和肥料投入情况，2018年对位于长江中下游地区的湖北省、浙江省与安徽省三省开展了调研活动。据统计年鉴，

2016 年，长江中下游地区水稻主产省（产量达全国水稻总产 5% 以上）有 6 个，生产了全国一半以上的稻谷（54.5%），其中有湖北（8.4%）和安徽（6.8%），足显示其重要地位；而浙江省属于东部沿海经济发达地区，城镇化程度高，人地矛盾突出，农业生产功能退化明显，耕地非农转化或复种调减，水稻产量贡献不及湖北和安徽，已从传统水稻主产省跌落为非主产省（杨秉臻，2019）。但浙江水稻种植采用机械化程度比例较高，其土地翻耕、稻谷收割秸秆还田都以机械使用为主，现代化程度高，是否其水稻化肥施用水平更友好，值得探讨。当然不同省水稻生产地区差异大，施肥水平与水稻品种选用、播种方式差异和地块质量、前季种植作物等多种因素影响都有很大关系，更与稻农个人禀赋和是否使用有机肥等也有很大关系。要科学把握三省水稻生产化肥投入水平和产出效益情况，需要入户开展实地现场调研。

本调研主要选择规模化经营农户，也包括部分小农开展了调研，涉及安徽省栏杆集镇、中埠镇、王河镇和余井镇，浙江省的杜泽镇、高家镇、枫桥镇、山下湖镇和王家井镇和湖北省的浩口镇与熊口镇，共计 191 户水稻种植户。调研采用与农户"一对一""面对面"的方式开展调研，并进行适当回访，问卷全部有效。样本地区与农户均为随机抽样，符合统计分析样本抽取的要求。调查内容主要包括被访农户基本特征（性别、年龄、受教育程度等）、水稻种植面积、水稻生产各环节成本效益及化肥（氮肥、磷肥和钾肥）施用情况。研究运用描述性统计与定量分析相结合研究方法，分析受

图 4-1　水稻基线调研现场

访农户特征与水稻种植成本效益，并根据水稻常规种植施肥情况分析农户施肥过量及使用不规范的原因。

2 受访区域稻农特征与生产成本效益分析

2.1 被访稻农基本特征

表 4-1 被访稻农描述性统计

特征	选项	样本人数	比例
性别	男	179	93.72%
	女	12	6.28%
年龄	≤40 岁	24	12.57%
	40~50 岁	51	26.70%
	50~60 岁	80	41.88%
	>60 岁	36	18.85%
受教育程度	小学及以下	21	10.99%
	初中	79	41.36%
	高中及以上	91	47.64%
家庭年收入（万元/户/年）	≤5	34	17.80%
	5~10	52	27.23%
	10~50	86	45.03%
	50~100	12	6.28%
	>100	7	3.66%
水稻种植收入占家庭收入比重（%）	≤50%	51	26.70%
	>50%	140	73.30%
水稻种植面积（hm^2）	≤3.33	20	10.47%
	3.33~6.67	38	19.90%
	6.67~13.33	44	23.04%
	13.33~20	10	5.24%
	20~26.67	15	7.85%
	26.67~33.33	11	5.76%
	>33.33	53	27.75%

由表 4-1 可知，农户受访者以男性为主，女性仅占 6.28%，年龄层次以中老年居多，大于 40 岁的受访农户占比 87.43%。受访农户受教育程度普遍偏低，未达到高中文化水平的人数达到 52.36%。家庭年收入在 10 万元以上的农户高达 72.77%，甚至 3.66% 的农户家庭年收入达 100 万元。家庭收入中主要来源于水稻种植的农户高达 73.3%，这与被调研农户主要选择水

稻规模种植户有关，种植面积在 7hm² 以上的农户占比接近 70%。

2.2 水稻常规种植化肥投入情况分析

表 4-2 长江中下游水稻常规种植化肥投入量

省份	氮肥 （kg/hm²）	磷肥 （kg/hm²）	钾肥 （kg/hm²）	化肥施用量 （kg/hm²）	化肥施用量* （kg/hm²）
湖北省	244.29	88.41	111.23	443.93	399.57
浙江省	237.63	98.11	138.96	474.70	416.94
安徽省	220.47	95.20	120.87	436.55	365.20
长江中下游	229.97	95.88	127.9	453.75	365.75

*表示源自国家统计局（2018）。

本研究所涉及的调研农户种植一季水稻对应的常规化肥施用量，均按照化肥折纯量计算（表 4-2）。在查阅国家统计局《中国统计年鉴 2018》所显示的 2017 年最新统计数据的基础上，根据化肥施用量与农作物播种面积计算出各地区农作物平均化肥施用量（表 4-2）。2017 年全国平均化肥施用强度为 434.4 kg/hm²，长江中下游农作物施肥平均值为 365.75 kg/hm²，低于上述 434.4 kg/hm²，这表明长江中下游农作物施肥量整体位于全国平均值以下，施肥量控制稍好。但调研数据显示，长江中下游水稻作物平均施肥量为 453.75 kg/hm²，高于地区农作物平均施肥量 365.75 kg/hm²，表明水稻作物的施肥量在现有阶段偏高，可减幅度较大。由此可见，开展针对长江中下游地区的水稻减肥技术研发是大势所趋，具有较好的代表性与现实意义。

表 4-3 长江中下游受访稻农施用有机（物料）肥及近 5 年施肥量变化情况

省份	是否施用有机肥		近 5 年施肥变化情况		
	施用	不施用	刚好但土质变差	减少	增加
湖北省	36%	64%	68%	16%	16%
浙江省	74.07%	25.93%	75.31%	11.11%	13.58%
安徽省	62%	38%	44%	26%	30%
长江中下游	63.67%	36.33%	60.44%	18.46%	21.11%

为了多方面了解农户常规施肥情况，在此次调研活动中还增添了对农户是否施用有机肥或有机物料（秸秆）以及近五年施肥量变化情况的访问，调研结果见表 4-3。数据显示，长江中下游地区高达 63.67% 的农户已在施

肥过程中使用有机肥，且有机肥的主要来源是商品有机肥、自家农作物秸秆还田以及粪肥堆沤。近五年的施肥量变化情况调研结果显示，已有 18.46% 的农户意识到减少化肥施用的重要性并采取相关行动，60.44% 的农户虽然还没有采取相应措施减少化肥施用量，但也已经意识到目前施用化肥过量会对土质造成一定的影响，并有导致产量降低的风险。

2.3　水稻常规种植成本效益分析

由表 4-4 可知，平均每公顷的人工成本为 2867.96 元。因此，在计算净收入时，此项成本支出不可忽略。在净收入计算加入人工成本后的结果显示，湖北省与安徽省之间的净收入差异不大，每公顷净收入分别为 1 464.75 元和 1 703.76 元。浙江省水稻单价明显高于其他两省，每千克收购价高出 0.2~0.3 元。因此，浙江省的稻农净收入为每公顷 23 879.45 元，相比其他两省高出 1 000 余元。由三省的净收入平均结果可知，长江中下游水稻种植规模户每公顷净收入为 2 745.51 元。此外，调研结果显示，农户个体间收入差异较大，甚至存在部分农户入不敷出的情况。这是因为农户倾向于单一种植模式，在投入产出方面以自己的经验为主。另外，由于受到文化水平局限的制约，农户在进行生产时并没有对自家种植成本与效益之间的关系进行系统的计算，在投入成本大于毛收益的情况下，并不清楚如何缩减成本以增加净收益（史常亮，2015）。

表 4-5 中的调研数据显示，在水稻种植成本中，机械、人工和租地分别是规模户种植成本的首要影响因素，位列全部环节成本的前三位，除此，化肥投入平均占比 13.55%，湖北省农户受占地面积影响，肥料投入占比稍小，而浙江省、安徽省化肥投入占比高于均值，个别农户的化肥成本占比甚至高达 20%。

表 4-4　水稻常规种植生产成本收益均值（元/hm²）

省份	物料	人力	总成本	产量	单价	毛收入	净收入	
							计人工	不计人工
湖北省	17 467.95	2 580.65	20 048.60	9 036.19	2.38	21 513.35	1 464.75	4 045.40
浙江省	14 651.16	3 700.14	18 351.30	8 679.17	2.56	22 230.75	3 879.45	7 579.59
安徽省	15 568.59	2 159.45	17 728.05	8 792.05	2.21	19 431.80	1 703.76	3 863.21
长江中下游	15 428.13	2 867.96	18 296.10	8 838.03	2.38	21 041.61	2 745.51	5 613.48

表 4-5　水稻常规种植生产成本分配比例（元/hm², %）

省份	成本来源	种子	肥料	农药	机械	租地	人工	总成本
湖北	金额	2 379.65	1 435.19	1 093.35	4 270.11	8 289.64	2 580.65	20 048.60
	占比	11.13	8.49	5.88	18.72	38.14	17.64	100
浙江	金额	1 300.84	2 558.98	1 594.53	3 124.78	6 072.04	3 700.14	18 351.30
	占比	7.88	14.33	9.06	16.16	32.54	20.02	100
安徽	金额	1 608.14	2 470.53	1 698.28	3 949.05	5 842.59	2 159.45	17 728.05
	占比	9.50	14.30	9.52	22.90	31.09	12.69	100
长江中下游	金额	1 578.80	2 372.52	1 575.10	3 641.52	6 260.19	2 867.96	18 296.10
	占比	9.03	13.55	8.85	19.49	32.63	16.45	100

　　分析发现，上述长江中下游地区的水稻种植成本效益的情况，可能也与当前农村种植户普遍出现人口老龄化问题有关（王则宇，2018），年龄较大或接受教育程度较低的种植户趋向于传统种植模式，不轻易做出改变，对于国家出台新政策关注较少，接受新知识与新信息能力较弱。且水稻种植户往往是风险规避者（熊鹰，2018），追求稳定的收益已成为固有思维。若化肥减施增效新技术的相关宣传培训指导不到位，农户会存在认识误区，认为减施化肥对增产保收有一定的影响，这可能会降低农户对于该技术的接受度与认可度。在本次被调研农户中，大部分以水稻生产收入为主要家庭来源，且大多数农户水稻种植规模较大，具有环境友好型技术投资能力，若给予财力支持，降低其投资风险，那么，推广应用化肥减施增效技术，整体扩大技术实施面积，就具有一定的可行性。此外，个体农户间种植成本差异较大，一定程度上取决于农户更多参考农作物长势、经验与物料价格进行生产操作，缺乏规范且有针对性的指导。而在调研中还发现，农户对培训的需求普遍较大，希望政府或相关技术部门能够提供有针对性的生产指导意见与思路。综上所述，在针对此地区农户进行化肥减施技术推广时，要考虑农户自身特征，明晰环保型技术的优势，强调可持续性发展对于长期经济效益的影响，降低农户风险顾虑。在提供一定经济补贴或政府支持情况下，加大技术实施环节专业人员的影响力，提升政府管理层面与社会层面角色的责任感（尼雪妹，2018），形成良好闭环，风险共担，也会增加农户对于化肥减施增效技术的采纳意愿。

　　从农户常规施肥习惯来看，虽然高达 63.67% 的农户施用过有机肥，也已经意识到有机肥施用的重要性，但大多数农户使用有机肥是考虑到其对土质的影响，简单地认为施用有机肥就会增产，仅凭经验和邻里之间的相互影响，产生购买有机肥或进行秸秆还田等行为，并没有得到关于科学施用技术的指导，而忽略不合理施用有机肥也会造成环境负效应（武升，2019）。此外，分析近五年水稻化肥施用量发现，仅有 18.46% 的农户已经意识到过量化肥的危害并采取了相应措施，大多数农户虽已经发现土质变差的问题，但并没有将之与化肥施用过量相联系。针对此两种现象，本研究认为加大宣传化肥施用过量对土质的影响会有助于提升农户对于化肥减施技术的认可度；另一方面，化肥减施增效技术的推广也可以规范农户施肥的行为，这样不仅从整体上减少施肥量，也可以从科学施肥、有机无机的合理分配上进行指导。

鉴于被访稻农规模经营占比较高，土地租赁、机械投入和人工成本都不低。特别是除土地租赁外，机械使用和人工投入成本占到两成或接近两成，需要在化肥减施增效技术的研发过程中给予更多关注，不能忽视；同时，受访区域稻农平均化肥使用量达 453.75 kg/hm²，影响了水稻生产的经济效益，这与之前相关研究结果一致（黄国勤，2018）。受访地区稻农在进行生产时化肥施用量高于国家统计局统计的当地水稻平均化肥施肥水平，这表明长江中下游地区稻农化肥的减施还有很大发展空间。此外，综合分析农户不同环节要素投入，与不同农户投入同一要素如化肥，对净收益的影响发现，引导农户开展水稻生产环节投入产出效益分析与成本核算，有助于加强进行科学水稻生产经营的意识。

水稻绿色高效生产是农业绿色高质量发展的要求，建议在水稻化肥减施增效技术推广中，强化技术宣传培训，促进/提倡政府与农户风险共担措施，提升稻农对化肥减施增效技术的接受意愿和实际采纳率，助推水稻生产实现化肥减量、增产和增收目标。

3 化肥减施增效技术应用的社会经济效果案例实证评价

3.1 案例选择

本案例实证研究选取湖北省农业科学院资环所研发提出的稻-虾共作、稻-油轮作和稻-麦轮作共三套模式，开展水稻化肥减施增效技术应用的效果评价，按照上述技术模式顺序将其分别命名为技术Ⅰ、技术Ⅱ、技术Ⅲ，其中具体减少化肥施用的措施如下。

（1）技术Ⅰ。

有机替代。稻草全量还田：中稻收获后，将本田全部稻草均匀平铺田面，按 7 500 kg/hm² 计算；冬泡养虾促进秸秆腐解：在田块周围挖宽 2~4 m、深 1~1.5 m 的养虾沟，并于当年投放足量虾苗，中稻收割后，灌 30cm 左右的深水冬泡养虾；排水整地：次年 5 月大部分商品虾捕后，排水至虾沟水位低于于田面 50cm，进行整地、施肥，以便后续水稻种植。

化肥施肥情况：氮肥用量 112.5 kg/hm²，氮磷钾的配比为 1∶0.5∶0.8，另施大粒锌 1 包（200 g），千力硼 1 包（200 g）。

肥料高效利用。基追肥分配，氮肥中基肥、分蘖肥、穗肥所占比例分别为 40%、30% 和 30%。磷肥全部用作基肥。钾肥中基肥、穗肥各占 50%。施肥时期，分三次施肥，基肥在整地时施入，直播稻分蘖肥在 3 叶期复水时施入，穗肥在晒田结束后第一次复水时施入。

（2）技术Ⅱ。

有机替代。秸秆还田：上季油菜秸秆全部还田，按 4 500 kg/hm² 计算；有机肥下田，商品有机肥用量为 1 500 kg/hm²。

化肥施用情况。减氮、补微。结合本区域农民习惯和土壤状况，由常规施用化肥折纯 N 量 180 kg/hm² 减少氮肥用量至 144 kg/hm²，补充微量元素锌肥和硅肥，增加施用锌肥、硼肥、硅肥。

肥料高效利用。氮肥运筹方式采取分次施用和氮肥后移。即氮肥运筹采用 5-3-2 的方式（底肥 50% 于插秧前施入，分蘖肥 30% 于插秧后 7~11 天施入，穗肥 20% 于晒田复水时）。

水分管理。包括以水稻田间实际分蘖数为指标的中期够苗晒田技术和中后期好气灌溉及推迟断水。当分蘖数为 23 万~25 万穗时晒田（因品种而异具体确定）；秧苗本田移栽后，田面保持薄水层（10~30mm）返青活苗，分蘖前 3~5 天灌 1 次薄层水（10~20mm）；当苗数达到 270 万~300 万株/hm² 时，晒田 7~10 天；晒田后复水，拔节至抽穗始期浅水勤灌，保持干干湿湿，每次灌溉的水层为 15~25mm，待落干后再进行下次灌水（此期若如遇高温，则应灌深水降温）。孕穗至扬花期深水灌溉，水层 40~50mm；灌浆期后至乳熟期湿润灌溉，每次灌一薄层水（10mm），待落干后再灌，干干湿湿，干湿交替，保持田面潮湿。黄熟期自然落干，直至收割前 5~7 天彻底断水，做收割准备。

（3）技术Ⅲ。

有机替代。秸秆还田，上季小麦秸秆全部还田，按 4 500 kg/hm² 计算；有机肥下田，商品有机肥用量为 1 500 kg/hm²。

化肥施用情况。减氮、补微。结合本区域农民习惯和土壤状况由常规施用化肥折纯 N 量 225 kg/hm^2 减少氮肥用量至 18 kg/hm^2，补充微量元素锌肥和硅肥，增加施用锌肥、硼肥、硅肥。

肥料高效利用。氮肥运筹方式上采取分次施用和氮肥后移。即氮肥运筹采用 5-3-2 的方式（底肥 50% 于插秧前施入，分蘖肥 30% 于插秧后 7~11 天施入，穗肥 20% 于晒田复水时）。

水分管理。包括以水稻田间实际分蘖数为指标的中期够苗晒田技术和中后期好气灌溉及推迟断水。当分蘖数为 23 万~25 万穗时晒田（因品种而异具体确定）；指秧苗本田移栽后，田面保持薄水层（10~30mm）返青活苗，分蘖前 3~5 天灌 1 次薄层水（10~20mm）；当苗数达到 270 万~300 万株/hm^2 时，晒田 7~10 天；晒田后复水，拔节至抽穗始期浅水勤灌，保持干干湿湿，每次灌溉的水层为 15~25mm，待落干后再进行下次灌水（此期若如遇高温，则应灌深水降温）。孕穗至扬花期深水灌溉，水层 40~50mm；灌浆期后至乳熟期湿润灌溉，每次灌一薄层水（10 mm），待落干后再灌，干干湿湿，干湿交替，保持田面潮湿。黄熟期自然落干，直至收割前 5~7 天彻底断水，做收割准备。

现实生产中，稻虾共作水稻种植模式水稻习惯或常规化肥施用量平均在 150 kg/hm^{2}N 肥，75 kg/hm^{2}P$_2$O$_5$ 肥和 120 kg/hm^{2}K$_2$O 肥；稻油轮作模式中水稻季常规化肥施用量平均在 18 kg/hm^{2}N 肥，75 kg/hm^{2}P$_2$O$_5$ 肥和 105 kg/hm^{2}K$_2$O 肥；稻麦轮作模式中水稻季常规化肥施用量平均在 225 kg/hm^{2}N 肥，105 kg/hm^{2}P$_2$O$_5$ 肥和 150 kg/hm^{2}K$_2$O 肥。主要化肥施用方式均是撒施于田面。

3.2　效果评估

3.2.1　基于专家意见多重相关性的灰色关联度模型

首先基于专家意见多重相关性法计算权重矩阵 R；其次选择参考数列 V0k；然后计算关联系数，求得关联系数矩阵 E；最后计算关联度 D＝R×E，其结果见表 4-6。其中数字 1、2、3 表示由优到劣顺序，即该项指标下数字 1 对应技术优于数字 2 对应技术优于数字 3 对应技术。

表 4-6　准则层指标关联度值与优劣排序和总效益关联度值及排序

准则层指标 模式	B1		B2		B3		B4		目标层指标 A	
	关联度	排序	关联度	排序	关联度	排序	关联度	排序	关联度	排序
技术 I	0.3244	1	0.1912	1	0.1765	1	0.1709	3	0.8631	1

准则层 指标 模式	B1		B2		B3		B4		目标层指标 A	
	关联度	排序	关联度	排序	关联度	排序	关联度	排序	关联度	排序
技术 II	0.2906	2	0.1778	3	0.0809	3	0.1935	2	0.7429	3
技术 III	0.2607	3	0.0881	2	0.1027	2	0.2353	1	0.7932	2

由表 4-6 评价结果得知，技术 I 的技术优势，经济效益与社会效益优于其他两种技术，但其环境效益最差。技术 I 单位面积上化肥 N、P_2O_5 投入少，肥料的利用效率高，土壤地力保持较好，全氮、铵态氮与速效钾值高。这是源于稻田养虾模式本身具有的优势，虾在稻田中的行动会促进稻田松土、活水、通气，其新陈代谢排出的粪便会起到保肥、增肥的效果，稻草还田后分解释放养分促进土壤中氮、钾养分升高。既能够减少前期肥料投入，又保证了土壤良好的肥力，因此技术 I 的技术优势强于其他两项技术。运用化肥减施技术后，稻虾养殖模式不仅每公顷化肥投入费用较少，而且比稻虾模式常规模式下额外投入费用少，所以其经济效益较好。在研究区域内，由于稻虾模式有着良好的经济收益，因此比较受当地农户欢迎。且进行首批示范时，稻虾经营模式的农户为降低每公顷养虾成本，更趋向于扩大种养面积，由此可见，该模式具有更高的社会效益。众多学者一致认为，控制种植源面源污染，源头投入减量是关键，源头投入减量越多，则潜在环境负面影响就越小，越有利于改善环境或者说产生更好的环境效益。但是，由于稻田养虾技术常规种养模式投入肥料少，其施肥量可供减少的空间本身不如另两种技术，那么减肥技术 I 采纳前后 N、P_2O_5 的变化会相对较小，造成技术 I 环境效益低。

技术 II 相比其他两项技术，经济效益与社会效益略低。这是由于技术 III 单位种植面积产值高，与传统技术比净增收益提升明显，节省化肥量产生的收益高；技术 I 单位面积的肥料成本低，新技术采纳后农户额外投入费用少。这两项技术在经济层面都有着自己独有的优势，而技术 II 在产值与投入方面均无明显优势，所以经济效益不如其他两项技术。除此之外，技术 II 推广示范面积与培训人数均较小，所以社会效益劣于另两项技术。

技术 III 环境效益明显高于其他两项技术，但技术优势这项指标相对较弱。这是由于技术 III 在技术采纳前后化肥折纯的 N、P_2O_5 减少量最多，所以环境效益好。但是其常规模式中本身投入肥料多，即使相对减少了最多的肥料，技术采纳后肥料投入量仍为三种技术中最高的。即单位面积化肥总量高，造成技术适宜性降低。此外，技术Ⅲ土壤中的速效钾与有机质含量较低也会造成技术优势这项指标偏弱。

综合来看，技术Ⅰ与技术Ⅲ的优劣势都较为明显，技术Ⅰ技术优势、经济效益、社会效益更好的同时环境效益较差；技术Ⅲ环境效益有所提升却有着较弱的技术优势；技术Ⅱ无明显突出优势，且经济效益与社会效益不佳。从受评技术的技术优势、经济、社会和环境效益综合评价来看，总评分上，技术Ⅰ最好，技术Ⅲ稍微逊色，技术Ⅱ待提升的空间更大。

3. 2. 2　基于专家约束下主成分分析法

本研究中所使用的主成分分析法与通常所提及的主成分分析不尽相同。不同之处在于本文在确定权数的过程中，把权重约束在专家打分所限定的权重范围之内，所以本文使用的评估模型称为专家约束下的主成分分析模型。

根据专家约束下的主成分分析模型方法，结合 Z-SCORE 标准化法，我们可以计算得到三项技术模式在准则层四项指标的得分与优劣排序和总效益上的得分及排序（表 4-7），其中数字 1、2、3 表示由优到劣顺序，即该项指标下数字 1 对应技术优于数字 2 对应技术优于数字 3 对应技术。

表 4-7　准则层指标得分与优劣排序和总效益得分值及排序

准则层指标	B1		B2		B3		B4		目标层 A	
	得分	排序	得分	排序	得分	排序	得分	排序	得分	排序
技术Ⅰ	0.8094	1	−1.1157	3	1.1484	1	−0.5249	2	0.5226	1
技术Ⅱ	0.3086	2	0.3001	2	−0.6779	3	−0.6779	3	−0.0156	2
技术Ⅲ	−1.1179	3	0.8156	1	−0.4706	2	1.1531	1	−0.5070	3

与表 4-7 相关度结果比较可发现，两种模型在技术优势、社会效益两项指标中评价结果完全一致。

在经济效益中，基于专家组合多重相关性的灰色关联度模型得到技术Ⅰ最优，而在专家约束下的主成分分析模型计算结果中变为最劣。技术Ⅱ和技术Ⅲ相对评价结果一致。在环境效益中，技术Ⅲ的两种模型评价结果都为最优，但是技术Ⅰ和技术Ⅱ的评价结果相反。

在经济效益中，针对单位产值成本投入，技术Ⅰ的优势在于单位面积肥料成本小，但劣势是单位面积产值低。经专家组合多重相关性法测算两项子指标的权重相差不大，肥料投入少的优势在数值上弥补了产值低的劣势。然而在运用专家约束下的主成分分析法测算时，产值权重明显高于肥料成本，此时劣势对结果的影响高于优势，导致了技术Ⅰ在指标层单位产值成本投入的评价结果最差。同样，在单位面积增量收益对应的三项子指标中，稻虾模式与传统技术相比净收益增加较少，节省化肥产生的收益低，这是明显的两项劣势，减肥技术应用后额外投入费用少作为其突出优势。在专家组合多重相关性法中，三项指标权重相当，优势弥补劣势，而专家约束下的主成分权重计算结果显示，D16与D17的权重明显偏高，导致技术Ⅰ劣势掩盖优势，在指标层单位面积增量收益评价值也是最低。综合两个指标层指标评价结果发现，技术Ⅰ的劣势所占权重高，导致在经济效益层面缺点凸显，整体经济效益评价结果不理想。

在环境效益中，从指标层发现，技术Ⅰ单位面积源头N减量比技术Ⅱ源头减量略高出 $1.5\ kg/hm^2$，但源头 P_2O_5 较低。两种技术各有优劣，那么当两种模型权重结果不同时，环境效益层面的评价结果就会因此改变。无论从专家意见还是客观评价上，源头N比源头 P_2O_5 的权重更高，但是在专家打分时，专家对于N比 P_2O_5 权重上高出多少有着较大的分歧。在运用专家约束下的主成分分析模型计算时，这种分歧造成了源头N的权重更加趋向专家打分的上限，也就更加突出技术Ⅰ在环境效益中的优势，所以出现其在专家约束下的主成分分析法模型分析下评价结果优于技术Ⅱ。

从评价总得分上发现，两种方法均得到技术Ⅰ最为优异，经过专家约束下的主成分分析模型中得到技术Ⅱ优于技术Ⅲ，而基于专家组合多重相关性的灰色关联度模型却显示技术Ⅲ优于技术Ⅱ，且虽技术Ⅱ无明显优势，技术Ⅲ的优劣势都很明显，二者比较，技术Ⅱ的经济效益、社会效益、环境效益均不如技术Ⅲ，但是其技术优势这项指标显著优于技术Ⅲ。技术优势指标的权重在专家约束下的主成分模型中比专家组合多重相关性法计算出的权重高出 10%，也就凸显了技术Ⅱ的技术本身优势，导致技术Ⅱ比技术Ⅲ综合评价结果好。技术优势指标权重的大幅度提升源于技术指标相对更复杂，指标之间差异性更大，在专家打分的范围内，更趋于上限，于是影响了权重与最终评价结果。

从另一方面分析发现，基于专家组合多重相关性的灰色关联度模型，所获得的权重从主观角度平衡不同专家之间的意见，再从客观角度选取不同技术模式最优解，二者结合，主客观相对比较独立。而专家约束下的主成分分析模型是在主观打分的权重范围内寻求一个满足客观值最大化的最优解，也就是熵值最小解。于是会有信息量大的指标，权重结果趋近打分上限，权重高，不确定性越小的结果。相比而言，专家约束下的主成分分析模型主客观结合更紧密，评价结果更科学，更适用于本项目研究。

那么从专家约束下的主成分分析模型运算结果来分析，技术Ⅰ、技术Ⅲ都具有明显的优劣势。技术Ⅰ技术优势指标、社会效益指标具有明显优势，而经济效益指标处于劣势，若将养虾的产值考虑进来，技术Ⅰ则经济效益变好；技术Ⅲ的社会效益、环境效益具有明显优势，但技术本身优势这项特征指标有待提升的空间较大；技术Ⅱ社会效益和环境效益都有待提升，但总体比技术Ⅲ好，具有更好的发展空间。

此外，在研究中发现，不同地区不同土壤类型种植的水稻品种不同，常规施肥量也不一样，并且种植水平存在差异性，所以减施效果的基数确定时要以当地土肥站和农技站提供的数据为主，以合作社、大户和一般农户调查为辅。基于稻油模式的化肥减施增效技术，油菜的常规施肥量在 $210 \sim 240$ kg/hm²，水稻在 187.5 kg/hm²，油菜的化肥减量空间远大于水稻，而实际水稻的产投比为 3∶1，油菜为 2.2∶1，施肥制度是否合理还有待讨论。如此一来，调整施肥制度也许将成为该模式的一种改进方向。当前运用技术组合措施可实现减施 20% 的 N、P、K 肥，但是目前可行是否能代表这种技术的可延续性，在未来十年、二十年时间里，如何保证肥料减施带来的稳定产量，这或许是下一步技术研发与评价需要共同思考的问题。

第5章 设施蔬菜化肥减施增效技术应用的社会经济效果实证评价

　　蔬菜是我国种植业中仅次于粮食的第二大农作物，到 2019 年种植面积达 2 000 万 hm²，年产量超过 7 亿 t，人均占有量达 500 多 kg，位居世界首位。作为蔬菜产业的重要版块，我国设施蔬菜种植面积在 2016 年达到 391.4 万 hm²，占蔬菜总播种面积的近 20%，设施蔬菜产量达 2.52 亿 t，占蔬菜总产量 30.5%。设施蔬菜产业的快速发展不仅缓解了曾长期困扰我国蔬菜的周年均衡供应问题，也在促进农民增收和高效利用农业资源等方面做出了历史性贡献。但设施蔬菜快速发展过程中化肥、农药的过量施用对我国耕地产出能力和农产品质量安全都造成了威胁，也成为农业面源污染的主要来源。

　　为缓解化肥农药的过量施用，农业部于 2015 年发布了《到 2020 年化肥使用量零增长行动方案》和《到 2020 年农药使用量零增长行动方案》，这对"设施蔬菜生产单纯依靠化肥农药增产"的生产模式形成了资源和环境约束。在生态文明建设背景下，如何在资源和环境的双重约束下提高设施蔬菜生产技术效率成为当前设施蔬菜发展面临的严峻挑战。事实上，我国设施蔬菜化肥农药合理施用已开展了大量的前期研究，基于设施蔬菜生产存在区域特质性、栽培模式多样、蔬菜品种差异性等特点，现有的技术还存在着单一、碎片、不系统等问题，技术支撑能力有待于进一步提升，应用效果需要评价厘清。为此，围绕解决上述问题而设置的"设施蔬菜化肥农药减施增效技术集成研究与示范"项目所研发集成的技术模式，开展应用效果评价非常重要。

1　受访区域概况

　　本研究所要评价分析的五项设施蔬菜化肥减施增效技术模式主要在辽宁

省的北票市、南票区、辽中区、灯塔市和凌源市进行试点验证，因此我们的研究区域主要以辽宁省这五个地区为主。辽宁省处于中国东北地区，介于东经 118°53′~125°46′，北纬 38°43′~43°26′，是东三省的最南部省份，东侧为渤海和东海，气候类型为温带大陆性季风气候。辽宁省境内雨热同季，日照丰富，阳光辐射年总量在 100~200 卡/cm²，年日照时数 2 100~2 600 h。积温较高，冬季漫长寒冷长夏季炎热多雨，春秋季短。行政区划方面，辽宁省共辖有 14 个地级市（其中两个副省级市），59 个市辖区、16 个县级市、17 个县和 8 个自治县，共计 100 个县级区划。辽宁省陆地总面积为 14.86 万 km²，其中平地面积约为 4.80 万 km²，占辽宁省总陆地面积的 32.40%，土地肥沃，是我国的粮食蔬菜大省，设施蔬菜种植经验丰富，产量高品质好，不仅解决当地冬季蔬菜供应不足问题，还能供应其他省市，提高了辽宁省农民收入。设施蔬菜产业已经成为辽宁省 GDP 增长的重要推动力。但随着农业产业结构的调整和可持续发展的要求，传统大肥大药粗放管理已经不能满足需求。

此外，调研地区还包括山东寿光市和青州市。寿光市由潍坊市代管，是山东省的一个县级市，位于山东省中北部地区，属温带大陆性的季风气候，该地位于中纬度带，北临渤海。在冷暖季风的交替影响下，该地形成了"春季少雨干旱，夏季多雨炎热，秋季有早爽凉，冬季少雪干冷"的气候特点。寿光市年均气温约为 13.2℃，年均降水量约为 708.4 mm。矿产资源有砂子、石油、卤水、煤炭等，西北部石油和天然气储量丰富，中南部地下水源丰沛，土质肥沃，宜于粮食、蔬菜、果品、棉花等多种作物的种植。寿光的设施蔬菜发展迅速，寿光市的蔬菜市场，是目前最大的全国蔬菜集散中心。另一个调研地区，青州市，地处山东半岛中部，为古"九州"之一。青州总面积 1 569km²，属半山区半平原地形结构。地势西南高东北低，西南部为低山、丘陵，东北部为山前冲积平原，全市耕地面积 6.79 万 hm²，有较多的土壤类型，适合农业生产，农业发展水平较高，现已建成瓜菜、果品、花卉、畜牧、黄烟、食用菌等十大生产基地，是全国的"蜜桃之乡"和"仙客来之乡"。

2　受访区域菜农特征与生产成本效益分析

数据来源于"十三五"国家重点研发计划"设施蔬菜化肥减施增效技术集成与示范项目"实施所在的山东寿光市、青州市和辽宁辽中县、葫芦岛市调研数据。调研问卷的主要内容包括农户的基本特征、蔬菜种植模式、农户对过量施肥的认知情况、农户采纳化肥减施增效技术情况以及参加技术培训的情况等。为保证样本的合理性，调研采取判断性抽样和随机性抽样相结合的方式。主要采用与农户"一对一""面对面"的方式展开调研，并进行适当回访。在选择具体调研地区时，采取判断性抽样调查，所调查的区域都是设施蔬菜种植户的集聚区域。具体调查地点包括山东省寿光市稻田镇、侯镇、里营镇，山东省青州市谭坊镇和益都街道，辽宁省沈阳市辽中区，葫芦岛市万屯镇、南票区等。在抽选调研对象时，采取随机抽样调查的方法从每个村中选取 10 户菜农，且尽量保证各个行政村抽取的样本数相等。为了保证样本的全面性和准确性，调查对象都是自家设施蔬菜施肥的负责人。考虑到农户受教育程度和对问题的理解能力会对调查问卷的真实性造成一定影响，因此调研方式为一对一和面对面的访谈，调研人员通过农户的回答情况手写问卷。整个调研活动期间，研究团队在各个行政村发放问卷总数为 115 份，回收的有效问卷总数是 113 份，回收率约为 98.26%。

2.1 受访菜农描述性统计

表 5-1 呈现了调研内容相关变量的总体描述性统计结果，所有变量可分为四类：种植户（菜农）基本情况、参与培训情况、蔬菜种植情况、农户环保认知情况。其中，种植户基本情况方面，参考朱新或等（2021）的处理方式，农户受教育水平由调研数据中的受教育程度数据转化得到，其对应关系如下：未上过学 = 0 年，小学 = 6 年，中学 = 9 年，高中 = 12 年，大专、大学本科及以上 = 16 年，显然农户平均受教育水平主要是初中学历，占比 64.86%；参与培训情况方面，农户接受的培训技术由国家科研机构在调研地区开展推广示范，主要包括秸秆腐熟还田、测土配方施肥技术、有机无机配施、水肥一体化技术，在调研的 113 个农户中，参与有机无机配施技术培训的人数最多；农户设施蔬菜种植施肥及其成本方面，主要包含基肥、追肥两个阶段，所施用肥料涉及一般粪肥、商业有机肥、生根肥、生物菌肥以及化肥（复合肥）等，占总成本的 30%。种苗成本在总成本中占比也较高，达 15%；农户环保认知情况方面，被访农户中 81.08% 的农户认为化肥施用过量会对环境造成污染，54.05% 的农户认为过量施用化肥会影响蔬菜品质，78.38% 的农户认为过量施用化肥会造成土壤板结与酸化。

图 5-1　菜农调研现场

表 5-1　调研数据的描述性统计

项目	变量	均值	标准差
种植户基本情况	年龄	50.44	8.90
	受教育水平	8.83	2.19
	家庭人数	4.07	1.24
	务农人数	2.35	0.88
参与培训情况	是否参与培训	0.48	0.50
	培训次数	1.20	1.71

（续表）

项目	变量	均值	标准差
蔬菜种植	面积（hm²）	0.32	0.50
	过量施肥对环境影响	0.81	0.39
农户环保认知情况	过量施肥对蔬菜品质影响	0.54	0.46
	过量施用化肥对土壤影响	0.78	0.51

受访地区设施蔬菜种植，一年为两到三季，以设施蔬菜黄瓜和番茄种植为主。因虑及自己对一些蔬菜的种植技术不足，担心收益减少而长期种植一种蔬菜，即多以连作方式种植。加之设施蔬菜属于劳动力密集型生产，近80%的受访菜农的种植规模在 0.33hm² 以内，最高种植面积达 4hm²，最小在 0.03hm²，设施蔬菜规模化种植程度还比较低。因为设施蔬菜种植相较于大田粮作收益相对较高，72.37%的菜农未参与土地流转而自己种植蔬菜，仅有 27.63%的菜农参加了土地流转，租金在 7 500～22 500 元/hm²。由于种植规模普遍不大，近 60%的受访菜农设施蔬菜种植年收入在 3 万～5 万元。

被访农户中有 25%的农户认为自家的化肥施用量超出作物需求量，64%的农户认为施肥量刚刚好，11%的农户认为其施肥量还不够，还需要增加。不过，96%的受访菜农都认为设施蔬菜种植过程需要化肥和有机肥配施，且有一半的菜农表示自己施用有机肥量很足，超过 60%的菜农主要是根据蔬菜长势和经验来确定施肥量。

2.2 设施蔬菜常规种植化肥投入情况分析

表 5-2 调研农户设施蔬菜种植化肥投入量

省份	氮肥（kg/hm²）	磷肥（kg/hm²）	钾肥（kg/hm²）
设施黄瓜	328.95	290.25	367.8
全国设施黄瓜平均水平	312	130.05	137.1
设施番茄	303.15	261.15	345.15
全国设施番茄平均水平	292.95	125.85	121.65

调研农户常规化肥施用量按折纯量计算，结果统计见表 5-2，表中全国设施番茄和黄瓜的施肥数据来源于《全国农产品资料汇编 2018》。由表可

见，2017 年全国设施番茄的氮肥、磷肥、钾肥平均施用强度分别为 292.95 kg/hm²、125.85 kg/hm²、121.65 kg/hm²，而调研地区的施用强度分别为 303.15 kg/hm²、261.15 kg/hm²、345.15 kg/hm²，说明调研地区设施黄瓜的氮肥、磷肥、钾肥施用强度均高于全国平均水平。设施番茄生产中也存在同样问题，具体来看，除氮肥施用强度外，调研地区设施番茄的磷肥、钾肥施用强度均远远高于全国平均水平，因而在调研地区进行"减施增效"技术模式的推广具有较强的现实性和必要性。

为从更多方面了解农户常规施肥情况，在本次调研中还访问了农户是否施用有机肥以及其近五年施肥量变化情况。调研结果显示，近五年来，施肥量增加、减少和变化不明显的菜农分别占比 20%、30% 和 50%。受土壤条件变化、病虫害发病日益严重以及新闻报道的宣传，大部分农户已经开始认识到化肥施用过量的危害，选择不再继续增加化肥用量或者开始减少化肥施用量，其中 85.53% 的菜农表示愿意接受化肥减施增效技术，但 70% 的菜农希望减施增效技术一定要减少成本，64% 的菜农则要求这样的技术需保证蔬菜的品质。而调整施肥策略后，相应的产量保持稳产或稳中有增的受访菜农达到 93.4%，减产的仅占 6.6%，说明适量减少化肥施用量可以维持稳产或达增产效果。

2.3 设施蔬菜常规种植成本效益分析

表 5-3 受访主要设施蔬菜品种种植成本效益（单位：元/hm²、%）

	番茄	占比	彩椒	占比	黄瓜	占比
人工	44 308.5	34.8	98 848.5	36.3	48 085.5	24.5
肥料	45 604.5	35.8	64 732.5	23.8	95 232	48.4
种苗	24 294	19.1	79 050	29.1	34 176	17.4
农药	9 730.35	7.6	21 375	7.9	14 923.5	7.6
灌溉	1 931.4	1.5	5 899.95	2.2	2 439.9	1.2
黏虫板	295.35	0.2	1 200	0.4	689.1	0.4
地膜	1 246.95	1.0	925.05	0.3	1 118.85	0.6
总成本	127 411.05		272 031		196 664.85	
毛收入	376 632		744 000		518 640	
净收入	125 781		271 231.5		195 024	

由表 5-3 可知，受访调研的设施蔬菜种植区，主流种植蔬菜为经济附加值较高的彩椒、黄瓜和西红柿。三种蔬菜的各项成本不尽相同，但不同蔬菜种植最主要的成本都是肥料成本与人工成本，其次是种苗成本和农药成本，四项成本占到总成本的 95% 以上。其中以肥料占比最高，平均达到 36%，其次是人工成本，平均则为 31.9%。显然，为实现设施蔬菜生产绿色高质量可持续发展，未来应该减少化肥用量，推广机械化生产，降低人工成本。

3 化肥减施增效技术应用的社会经济效果案例实证评价

3.1 案例选择

本案例实证研究，选取"十三五"国家重点研发计划"设施蔬菜化肥减施增效技术集成与示范项目"任务承担方之一、沈阳农业大学研究团队在辽宁省的北票市、南票区、辽中区、灯塔市和凌源市集成示范提出的五项设施蔬菜化肥减施增效技术模式，开展设施蔬菜化肥减施增效技术应用的社会经济效果评价。五项化肥减施增效技术模式包括模式 1（北票市越夏番茄化肥减施模式）、模式 2（灯塔市越冬番茄化肥减施模式）、模式 3（辽中区冬春茬番茄化肥减施模式）、模式 4（南票区冬春茬番茄化肥减施模式）和模式 5（凌源市越冬长季节黄瓜化肥减施模式）。各模式具体内容简述如下：

模式 1，北票市越夏番茄化肥减施模式：①有机肥替代：每公顷施用猪粪 195 m³（比常规增加 30%），微生物菌肥 1 800kg/hm²。②化肥减施：底肥化肥减少 30%，每公顷施 NPK 复合肥 525kg（比常规降低 225kg，二铵施用减少 375kg）。追肥比常规降低化肥用量 35%，调整 NPK 养分比例为 16：7：34。③使用高效肥料：使用水溶性好，杂质少的优质纯化学水溶肥（NPK 养分 50%）。

模式 2，灯塔市越冬番茄化肥减施模式：①完善配套设备：使用自动放风器，提高温室环境调控能力，促进植株旺盛生长；使用比例吸肥器与滴灌系统，实现水肥一体化管理。②改进栽培方式：高畦大垄，膜下滴灌，大垄双行、适当稀植（每公顷 450 000 株），覆盖地膜，提高地温，降低温室湿度。③有机肥替代：每公顷施用猪粪 90 m³，玉米秸秆还田 15 000 kg，商品有机肥 12 000 kg，豆饼 1 125 kg。④化肥减施：底肥不施化肥，追肥比常规降低化肥用量 40%，调整 NPK 养分比例为 17：7：27。⑤使用高效肥料：

冬季低温弱光季节，使用腐殖酸、氨基酸等有机型水溶肥（NPK 养分 15%）和菌肥，促进根系和植株生长；春秋光温环境好的季节，使用纯化学水溶肥（NPK 养分 50%）。

模式 3，辽中区冬春茬番茄化肥减施模式：①使用自动放风器，提高温室环境调控能力，促进植株旺盛生长；使用比例吸肥器与滴灌系统，实现水肥一体化管理。②改进栽培方式：高畦大垄，膜下滴灌，大垄双行、适当稀植（每公顷 30 000 株），覆盖地膜，提高地温，降低温室湿度。③有机肥替代：每公顷施用牛粪猪粪 120 m³，玉米秸秆还田 15 000kg，微生物菌剂 150kg。④化肥减施：底肥减少化肥 40%，每公顷施 NPK 复合肥 450kg，不施钙镁微肥 2 400kg；追肥比常规降低化肥用量 25%，调整 NPK 养分比例 17：7：27。⑤使用高效肥料：冬季低温弱光季节，使用腐植酸、氨基酸等有机型水溶肥（NPK 养分 15%）和菌肥，促进根系和植株生长；春秋光温环境好的季节，使用纯化学水溶肥（NPK 养分 50%）。

模式 4，南票区冬春茬番茄化肥减施模式：①使用自动放风器，提高温室环境调控能力，促进植株旺盛生长；使用比例吸肥器与滴灌系统，实现水肥一体化管理。②改进栽培方式：高畦大垄，膜下滴灌，大垄双行、适当稀植（每公顷 30 000 株），覆盖地膜，提高地温，降低温室湿度。③有机肥替代：每公顷施用羊粪 120 m³，较常规增加 30%。④化肥减施：底肥减少化肥 29%，公顷施 NPK 复合肥 750kg（对照 1050kg），钙镁微肥 1 800 kg（对照 2 400 kg）；追肥比常规降低化肥用量 35%，调整 NPK 养分比例 17：7：27。⑤使用高效肥料：冬季低温弱光季节，使用腐殖酸、氨基酸等有机型水溶肥（NPK 养分 15%）和菌肥，促进根系和植株生长；春秋光温环境好的季节，使用纯化学水溶肥（NPK 养分 50%）。

模式 5，凌源市越冬长季节黄瓜化肥减施模式：①使用自动放风器，提高温室环境调控能力，促进植株旺盛生长；使用比例吸肥器与滴灌系统，实现水肥一体化管理。②改进栽培方式：高畦大垄，膜下滴灌，大垄双行、适当稀植（每公顷 52 500 株），覆盖地膜，提高地温，降低温室湿度。③有机肥替代：每公顷施用羊粪和鸡粪 225 m³，施用微生物菌肥 1 500 kg/hm²。④化肥减施：底肥不施化肥，追肥比常规降低化肥用量 40%，调整 NPK 养分比例 17：7：27。⑤使用高效肥料：冬季低温弱光季节，使用腐殖酸、氨基酸等有机型水溶肥（NPK 养分 15%）和菌肥，促进根系和植株生长；春秋光温环境好的季节，使用纯化学水溶肥（NPK 养分 50%）。

各技术模式都主要是围绕应用化肥的部分有机物料替代、水肥一体化、引入施用新型高效肥料等技术与栽培管理方式结合的集成，但在集成的关键技术环节措施各异（表5-4），主要体现在种植方式上，模式1采用的是传统大小垄（宽窄行）种植方式，种植密度为36 000/hm²，其他四项模式均采用大垄双行的种植方式，但模式2、模式3和模式4均降低种植密度至30 000株/hm²，模式5因种植蔬菜为黄瓜，种植密度较其常规减少了7 500株/hm² 降至52 500株/hm²。化肥减施方面，5项技术模式都因增加有机肥的投入，不同程度地减少了底肥和追肥中化肥的用量；同时为了提高肥料的利用效率，5项技术模式均改进施肥方式，追肥环节由传统的撒施改为水肥一体化管理；并在肥料种类选择上均选择施用水溶性好、杂质少和养分比例更合理的专用水溶肥，其中模式1采用水溶肥养分比例为16：7：34（N-P_2O_5-K_2O），其他四项模式均采用养分比例为17：7：27（N-P_2O_5-K_2O）的水溶肥。而在有机肥替代上，各技术模式选用粪肥种类不同、用量不同，并差异化施用商品有机肥、豆饼、作物秸秆和生物菌肥。

表5-4　5项蔬菜化肥减施增效技术模式特征描述

技术模式类别	种植方式	栽培密度（株/hm²）	化学氮肥投入量（kg/hm²）	化学磷肥投入量（kg/hm²）	有机氮肥投入量（kg/hm²）	有机磷肥投入量（kg/hm²）
常规对照1	大小垄	36 000	291.00	376.50	750.00	825.00
模式1	大小垄	36 000	153.00	132.75	975.00	1 072.50
常规对照2	大小垄	36 000	482.70	369.30	392.31	431.54
模式2	大垄双行	30 000	243.00	162.00	888.75	819.00
常规对照3	大小垄	36 000	297.15	255.00	346.15	184.62
模式3	大垄双行	30 000	209.25	175.50	450.00	240.00
常规对照4	大小垄	36 000	527.55	418.20	692.31	484.62
模式4	大垄双行	30 000	385.50	304.50	900.00	630.00
常规对照5	大小垄	60 000	735.00	201.60	2 059.62	1 787.02
模式5	大垄双行	52 500	441.00	120.90	2 677.50	2 323.13

3.2　效果评估

3.2.1　专家约束下的主成分分析模型

根据专家约束下的主成分分析评估方法，得到每项技术模式在其准则层所含技术优势、经济效益、社会效益和管理四个层面的得分。5项技术模式及其综合评价得分与排序列于表 5-5。

表 5-5　专家约束下主成分分析法技术模式评价得分与排序

技术模式 \ 评价层次	综合		技术优势		经济效益		社会效益		管理	
	得分	排序	得分	排序	得分	排序	得分	排序	得分	排序
模式 1	0.443	1	0.263	1	0.531	1	0.354	2	0.181	2
模式 2	0.050	3	0.142	3	−0.110	4	−0.235	4	−0.227	4
模式 3	0.343	2	0.206	2	0.024	2	0.439	1	0.363	1
模式 4	−0.412	4	−0.270	4	0.023	3	−0.379	5	−0.454	5
模式 5	−0.425	5	−0.306	5	−0.468	5	−0.179	3	0.136	3

从表 5-5 可以看出，5 项设施蔬菜化肥减施增效技术模式的社会经济效果综合评价排序如下：技术模式 1（北票市越夏番茄化肥减施模式）>技术模式 3（辽中区冬春茬番茄化肥减施模式）>技术模式 2（灯塔市越冬番茄化肥减施模式）>技术模式 4（南票区冬春茬番茄化肥减施模式）>技术模式 5（凌源市越冬长季节黄瓜化肥减施模式）。

纵观五项技术模式分别在技术本身优势、经济效益、社会效益和管理四个层面的排序结果，不难发现各技术模式在技术层面的分值排序与五项技术模式社会经济效果综合评价分值排序相同，表明在评价一项技术模式社会经济综合效果的时候，技术本身的优势非常重要，在反映技术可持续性上发挥关键作用，技术本身的优势决定了技术被持续采纳利用的潜力，即对一项技术进行评价时其技术的轻简性和技术本身的属性应该是最关键、最核心的内容。

从技术层面排序我们可以看出，模式 1 的减施效果最好，模式 5 效果最差，结合技术模式示范应用的区域差异和茬口选择分析，模式 1 示范应用区域北票市发展设施蔬菜种植已有 30 多年历史，当地菜农经验丰富，茬口安排更合理，21 世纪以来，北票市大力推广绿色蔬菜的种植，因此农户环保意识较高，在项目示范推广前已经开始减少化肥用量，有良好的推广示范基础，较其他技术模式有其天然优势，同时技术模式本身所集成技术较为简便易操作，省时省工，故而模式 1 得分最高；而模式 5 示范推广的越冬一大茬黄瓜栽培在自然条件上不利于黄瓜生长，因而此茬口的黄瓜栽培技术难度高，较其他茬口病虫害多，而且由于生育期长，需要投入的人工多，因此模式 5 的技术轻简性不足，排名最低。

从经济效益层面排序看，技术模式 1、模式 3 和模式 5 的经济效益分值与其各自技术模式社会经济效果综合评价分值排序完全一致，这与其对应的技术优势指标支撑紧密相关。因为良好的技术或技术的先进性必然带来潜在的或转化为良好的经济优势（JIAO Jialong et al.，2016），但模式 2 和模式 4 分值排序正好与其相应技术本身优势和综合评价结果排序颠倒，也就是说模式 4 的所产生的经济效益略优于模式 2，这与模式 2 与模式 4 产值相近但模式 2 的成本更高一些有关。五项技术模式中经济效益最好的是模式 1，最差的是模式 5。虽然模式 5 的产值高于模式 1，但是由于其投入的物料以及人力成本都很高，导致净收益比不上模式 1，显然，提高机械化水平，适当规模化种植来降低人工成本无疑提高经济效益的一种有效方法。

技术评价离不开社会的接受性，它是反映社会效益的核心或支柱指标。但要取得良好的社会效益（技术推广、农户的积极响应或接纳），还需要配套良好的管理政策，因为技术推广还依赖于推广组织机构、推广人才支撑及完善的基础设施与相关方的合作等等（CAI Wu et al.，2015）。从社会效益和管理层面的分值排序来看，五项技术模式都呈现出模式 3 优于模式 1 优于模式 5 优于模式 2 优于模式 4 的趋势。其中模式 3 所示范推广的地区是辽阳市辽中区，其地理区位接近政治中心，得到的政策支持力度更大，政策执行速度也更加快，因此推广面积最大，辐射农户最多，媒体宣传报道次数跟多，社会效益与管理层得分最高。而模式 1 虽然技术成熟度高，简便易操作，但是宣传力度不够，导致好技术没能大面积推广。

总而言之，一项社会经济效果综合评价优秀的化肥减施增效技术模式，它反映的优秀是多维度的，既有良好技术本身的优势特征，也有能带来良好经济效益保障的属性，同时容易被更多农户接受、采纳和大面积应用，更有良好的管理机制作保证。那么，排在前三的技术模式更适合优先推广普及，排名靠后的技术模式其社会经济效果还有很大提升空间。评价结果可以为辽宁省及其省外其他寒冷地区设施蔬菜化肥减施增效技术集成模式的推广应用提供参考，特别是有助于农技推广部门择优开展不同技术模式的推广。

3.2.2 基于专家意见多重相关性的灰色关联度模型

首先基于专家组合多重相关性法计算权重矩阵 R；其次选择参考数列 V_{0k}；然后计算关联系数，求得关联系数矩阵 E；最后计算关联度 $D = R \times E$，其结果见表 5-6。其中数字 1、2、3 表示由优到劣顺序，即该项指标下数字 1 对应技术优于数字 2 对应技术优于数字 3 对应技术。

表 5-6　准则层指标关联度值与优劣排序和总效益关联度值及排序

评价层次 技术模式	综合		技术优势		经济效益		社会效益		管理	
	得分	排序	得分	排序	得分	排序	得分	排序	得分	排序
模式 1	0.875	1	0.413	1	0.229	1	0.192	2	0.040	3
模式 2	0.760	3	0.394	2	0.189	3	0.138	4	0.029	4
模式 3	0.768	2	0.322	3	0.196	4	0.203	1	0.046	1
模式 4	0.658	5	0.301	5	0.204	2	0.125	5	0.026	5
模式 5	0.680	4	0.316	4	0.173	5	0.146	3	0.043	2

由表 5-6 可以看出五项技术模式综合评价排名为：技术模式 1（北票市越夏番茄化肥减施模式）＞技术模式 3（辽中区冬春茬番茄化肥减施模式）＞技术模式 2（灯塔市越冬番茄化肥减施模式）＞技术模式 5（凌源市越冬长季节黄瓜化肥减施模式）＞技术模式 4（南票区冬春茬番茄化肥减施模式）。

模式 1 技术本身优势指标和经济效益指标均优于其他四项技术模式，但社会效益与政策宣传排名低于模式 3。技术方面，模式 1 有机替代率最高，通过增加有机肥施用量，减少化肥用量，化肥减施强度也较高，其中磷肥减施率更是达到 60% 以上，同时技术模式 1 简便易操作，用工最少。经济效益方面，由于生育期较短，所以产值较低，但是化肥、农药、人力等成本较低，净增收益较高。社会效益方面，虽然培训人次多，但是推广面积比其他地区小，因此排名略低于模式 3。政策宣传方面，相关配套政策较少，媒体宣传报道少，因此此项得分较低。

模式 2 技术本身优势指标和经济效益指标两项排名均分别为第二名和第三名，其主要优势是化肥减施率高，氮磷钾平均减施率达 45% 以上，有机替代率高，单位面积产值高。但是劣势也十分明显，土壤地力明显劣于其他地区，土壤酸化严重，种植成本较高，净增收益低，因此两项得分不高。社会效益方面，虽然推广面积广，但是培训农户较少、农户采纳率低，推广效果不佳。政策宣传方面，配套政策数仅高于南票市，媒体报道次数最少，宣传推广力度不够。

模式 3 技术本身优势指标、经济效益指标两项排名为第三名和第四名，土壤地力较高，有机替代率较高，重视中微量元素肥和生物菌肥的施用，土壤酸化情况较对照有明显缓解，但由于对照化肥施用量低，所以化肥减施率较低；生育期较短，产值较低，物料与人力成本低，机械化程度高，机械成本高。社会效益和政策推广两个层面排名均最高。主要是因为技术模式推广面积最广，培训农户数较多，农户响应率高，采纳技术的规模户数多，同时与技术相关的配套政策数多，媒体宣传力度大，因此宣传推广效果最好。

模式 4 技术本身优势指标排名最低，主要是因为其化肥施用量较高，且化肥减施率最低，有机替代率低，土壤较对照出现酸化加剧情况。经济效益指标排名为第三名，产值较高，机械成本较低，但是化肥农药成本较高，净收益最高。社会效益和政策宣传层面的排名最低，技术推广面积少，培训农户数不够，农户响应情况差，缺少与技术相关的配套政策，媒体宣传力度较弱，所以评分最低。

模式 5 技术本身优势指标层面排第四名主要是此模式化肥减施率为40%，产量最高，农学效率最高，但是其生育期较长，田间管理烦琐，不符合技术轻简性要求，因此未达到较高排名。经济效益指标得分均最低主要是因为机械化程度低，用工较多，人工成本高，化肥成本高，所以，虽然其产值为五项技术最高，但是排名依然最低。社会效益和政策宣传排名分别为第三名和第二名，主要优势是推广面积广，媒体宣传次数多，主要劣势是培训效果不佳，农户采纳率较低，配套政策较少。

从四个层次排名与综合排名差异看，技术优势指标层面与综合层面完全一致，这主要是因为技术层面所占比重最高，所以技术优势与综合得分最吻合；社会效益和政府管理排序与综合排序有一定差异主要是因为原始数据中，模式 3 的推广面积最大，配套政策最多，且所占权重较高，所以模式 3 为最优。但是由于技术优势指标的权重占最高，因此最后综合评价结果为技术模式 1>技术模式 3>技术模式 2>技术模式 5>技术模式 4。即北票市越夏番茄化肥减施模式为最优。

4 设施蔬菜种植户的化肥施用效率及其影响因素研究

目前关于化肥施用效率的研究主要集中在效率测度方面。王萍萍等（2020）基于 28 个省市的面板数据，采用随机前沿分析方法对各省市的化肥施用效率进行了测算，发现过去 30 年里中国农业化肥施用效率呈现不断增长的趋势；刘华军等（2019）采用全局参比的非期望产出 SBM 模型测算2001—2015 年环境约束下中国分省及各地区化肥利用效率，并利用 Theil 指数、Kernel 密度估计与 Markov 链分析方法考察其空间差异及分布动态演进，发现环境约束下中国化肥利用效率呈现"东西高，中部低"的空间分布格局；空间差异程度表现出先升后降趋势；史常亮等（2015）运用基于随机前沿方法的单一投入技术效率测度模型，对 1998—2013 年全国 15 个小麦主产省的化肥投入效率进行测算，并采用面板随机效应 Tobit 模型分析其影响因素。研究发现，我国小麦化肥投入效率整体水平较低，平均只有 0.45，这意味着在其他投入不变的情况下，维持既定产出的节肥潜力达到 55%。纵观现有研究成果，目前研究多以大田作物为研究对象，且大多运用的是宏观层面的省市级面板数据，鲜有以设施蔬菜为研究对象，并基于微观农户调查数据的实证研究。

　　基于现有研究成果及不足，本文利用辽宁、山东两省的设施蔬菜种植户调研数据，运用随机前沿分析模型，首先测度了设施蔬菜种植户的生产技术效率；其次，在已测度的生产技术效率基础上，进一步计算了种植户的化肥施用效率；最后采用 OLS 模型，分析了农户化肥施用效率的影响因素。本文将现有研究拓展至设施蔬菜这一经济作物，通过明晰农户化肥施用效率和其影响因素，为今后政府制定相关政策引导农民合理施肥，减轻日益突出的农业面源污染提供借鉴与参考。

4.1　模型设定

　　技术效率在经济学中被定义为在既定的生产要素投入下产出可增加的能力，或在既定的产出下生产要素投入可减少的能力。从方法论角度来看，目前最常用的技术效率测度方法是生产前沿分析方法，所谓的"生产前沿"是指在一定的技术水平条件下，既定的生产要素投入所能实现的最大产出集合，在模型中通常用生产函数来表示。前沿分析方法根据是否已知生产函数的具体形式分为参数方法和非参数方法，其中参数法以随机前沿分析（SFA）为代表，非参数法以数据包络分析（DEA）为代表。鉴于本文的研究对象主要为设施蔬菜种植户的化肥施用效率，而 Reinhord（1999）发现随机前沿分析更适用于单要素投入分析，且考虑到了诸如调研地区气候差异、问卷应答的测量误差等随机因素对于产出的影响，因而本文拟采用随机前沿生产函数模型来估计化肥施用效率及其与参加技术培训间的关系。

　　在进行生产函数设定方法，参考王萍萍等（2020）的处理方式，采用 Translog 函数作为设施蔬菜生产的前沿函数，Translog 函数的优点在于它能以二阶近似值贴近真实生产函数的形式，并且比其他函数形式有更少的对估计的约束条件。生产前沿函数的具体构造如下：

$$\ln y_i = \beta_0 + \beta_1 \ln_{x_{1i}} + \beta_2 \ln_{x_{2i}} + \beta_3 \ln_{x_{3i}} + \beta_4 \ln_{x_{4i}} + \frac{1}{2}\beta_{11}(\ln_{x_{1i}})^2 + \frac{1}{2}\beta_{22}(\ln_{x_{2i}})^2 +$$

$$\frac{1}{2}\beta_{33}(\ln_{x_{3i}})^2 + \frac{1}{2}\beta_{44}(\ln_{x_{4i}})^2 + \beta_{12}\ln_{x_{1i}}\ln_{x_{2i}} + \beta_{13}\ln_{x_{1i}}\ln_{x_{3i}} + \beta_{14}\ln_{x_{1i}}\ln_{x_{4i}} +$$

$$\beta_{23}\ln_{x_{2i}}\ln_{x_{3i}} + \beta_{24}\ln_{x_{2i}}\ln_{x_{4i}} + \beta_{34}\ln_{x_{3i}}\ln_{x_{4i}} + \beta_5 \ln_{NPK_i} + \frac{1}{2}\beta_{55}(\ln_{NPK_i})^2 +$$

$$\beta_{15}\ln_{x_{1i}}\ln_{NPK_i} + \beta_{25}\ln_{x_{2i}}\ln_{NPK_i} + \beta_{35}\ln_{x_{3i}}\ln_{NPK_i} + \beta_{45}ln_{x_{4i}}\ln_{NPK_i} + v_i - u_i$$

其中，y_i 是第 i 个种植户的设施蔬菜产量；x_1 是种植面积；x_2 是劳动力投入个数；x_3 是农药投入成本；x_4 是种苗投入成本；NPK 是化肥投入成本；$(v_i - u_i)$ 表示模型的扰动项，其中 v_i 服从独立同分布假设，u_i 是一个非负的服从半正态分布随机变量，反映设施蔬菜生产中由于技术非效率导致的产出损失，v_i 和 u_i 相互独立。

技术效率（TE_i）可表示为：

$$TE_i = \exp(-u_i) , \; 0 \leqslant TE_i \leqslant 1$$

TE_i 表示种植户 i 的技术效率，如果 $u_i > 0$，则 $0 < TE_i < 1$，意味着设施蔬菜的生产技术效率存在一定损失，产量在潜在产出水平之下。假设已知 v_i 和 u_i 的分布形式，在模型估计时可以用最大似然估计法对技术效率值进行估计。

技术效率反映的是实际产出与可能实现的最大产出的比值。为了进一步得到单要素（化肥）的技术效率，假定上式中的 $u_i = 0$，即假定生产过程中不存在技术非效率项，生产是非常有效率的，此时的农业生产位于生产的有效前沿面上，那么，在保持土地、劳动力、农药、种苗投入和产出不变的情况下将化肥减少到可能的最小投入量 $NPK_{\min}$ 时获得的产出可表示为：

$$\ln_{yi}^* = \beta_0 + \beta_1 \ln_{x1i} + \beta_2 \ln_{x2i} + \beta_3 \ln_{x3i} + \beta_4 \ln_{x4i} + \frac{1}{2}\beta_{11}(\ln_{x1i})^2 + \frac{1}{2}\beta_{22}(\ln_{x2i})^2 +$$

$$\frac{1}{2}\beta_{33}(\ln_{x3i})^2 + \frac{1}{2}\beta_{44}(\ln_{x4i})^2 + \beta_{12}\ln_{x1i}\ln_{x2i} + \beta_{13}\ln_{x1i}\ln_{x3i} + \beta_{14}\ln_{x1i}\ln_{x4i} +$$

$$\beta_{23}\ln_{x2i}\ln_{x3i} + \beta_{24}\ln_{x2i}\ln_{x4i} + \beta_{34}\ln_{x3i}\ln_{x4i} + \beta_5\ln_{NPKi}^{\min} + \frac{1}{2}\beta_{55}(\ln_{NPKi}^{\min})^2 +$$

$$\beta_{15}\ln_{x1i}\ln_{NPKi}^{\min} + \beta_{25}\ln_{x2i}\ln_{NPKi}^{\min} + \beta_{35}\ln_{x3i}\ln_{NPKi}^{\min} + \beta_{45}\ln_{x4i}\ln_{NPKi}^{\min} + v_i$$

由于 $\beta_{ik} = \beta_{ki}$，$\ln_{yi}^* - ln_{yi}$ 可得到：

$$(\beta_5 + \beta_{15}\ln_{x1i} + \beta_{25}\ln_{x2i} + \beta_{35}\ln_{x3i} + \beta_{45}\ln_{x4i})$$

$$(\ln_{NPKi} - \ln_{NPKi}^{min}) + \frac{1}{2}\beta_{55}\left[(\ln_{NPKi})^2 - (\ln_{NPKi}^{min})^2\right] - u_i = 0$$

而化肥施用效率（该效率与常用的化肥利用率是不同的，它完全基于数学模型角度在保证产出不变的情景下求解出最小化肥投入量）可被定义为：

$$\ln FE_i = \ln\left(\frac{NPK_i^{min}}{NPK_i}\right) = \ln_{NPK_i}^{min} - \ln_{NPK_i}$$

同时，化肥施用效率可由上式解出：

$$FE_i = \exp\left\{\frac{-\delta_i \pm (\delta_i^2 - 2\beta_{55}u_i)^{0.5}}{\beta_{55}}\right\}$$

其中

$$\delta_i = \frac{\partial(\ln_{yi})}{\partial(\ln_{NPKi})} = \beta_5 + \beta_{15}\ln_{x1i} + \beta_{25}\ln_{x2i} + \beta_{35}\ln_{x3i} + \beta_{45}\ln_{x4i} + \beta_{55}\ln_{NPKi}$$

δ_i 也可看成化肥的产出弹性。

4.2 设施蔬菜生产技术效率的测度

在探究农户参与技术培训和化肥施用效率间的关系之前，首先需要利用随机前沿分析方法（SFA）对设施蔬菜的生产技术效率进行测度。在测算前，为了保证模型设定的合理性，本章运用 LR 方法对模型的选择进行合理性检验。LR 的检验结果如表 5-7 所示，为 6.74，表明在 1% 的显著性水平下，LR 统计量大于其相应的临界值，即说明本章的模型设定是合理的。

利用随机前沿分析得到的回归结果见表 5-7。回归结果表明：①设施蔬菜种植面积与产出间存在正向关系，且该关系在 5% 的显著性水平上显著，对应的回归系数说明，蔬菜种植面积每提高 1%，产出将提高 1.41%，其原因在于种植规模的扩大便于规模化经营和机械化作业，从而有利于单产的提高；②家庭务农人数也与产出间存在正向关系，并在 10% 的显著性水平上显著，其回归系数显示，家庭务农人数每增加 1%，产出将增加 0.829%。王萍萍等（2020）发现，农村生产中从事农业劳动数量的降低会导致种植户通过施用更多的化肥来替代劳动力投入，从而产生过量施肥的现象，不利于产出的增加。相对的是，家庭务农人数的增多能够缓解农户通过施用更多的化肥来替代劳动力投入的行为，且不同劳动参与者间的交流和合作能使种植行为更加科学化，有利于产出的增加；③农药费和化肥费的投入均与产出间存在显著的负向关系，说明调研地区的农户存在过量施肥施药的现象，而化肥农药的过量施用不仅会降低作物产出、影响农户收入，还会破坏了耕地的土壤结构，加速了营养元素的流失，致使土壤可持续利用水平降低，而且还会使农产品品质下降，如蔬菜中硝酸盐含量的超标。

表 5-7　随机前沿生产函数模型估计结果

变量名	回归系数	标准误	变量名	回归系数	标准误
Ln 种植面积	1.410 **	1.401	Ln 种植面积×Ln 务农人数	0.136	0.363
Ln 务农人数	0.829 *	3.666	Ln 种植面积×Ln 农药费	−0.016	0.189
Ln 农药费	−0.517 *	1.100	Ln 种植面积×Ln 种苗成本	0.128	0.189
Ln 种苗成本	1.232	1.142	Ln 种植面积×Ln 化肥费	−0.040 *	0.150
Ln 化肥费	−0.550 **	1.488	Ln 务农人数×Ln 农药费	0.151	0.307
(Ln 种植面积)^2	0.122	0.095	Ln 务农人数×Ln 种苗成本	−0.002	0.237
(Ln 务农人数)^2	0.045	0.511	Ln 务农人数×Ln 化肥费	−0.005	0.332
(Ln 农药费)^2	0.074	0.077	Ln 农药费×Ln 种苗成本	−0.095	0.128
(Ln 种苗成本)^2	0.138 *	0.080	Ln 农药费×Ln 化肥费	0.039	0.104
(Ln 化肥费)^2	0.026	0.092	Ln 种苗成本×Ln 化肥费	−0.007	0.102
常数项	18.086 **	8.082	σ_v^2	−1.309 **	0.045
σ_u^2	−0.422 **	0.819	LR test	6.74	
样本量	113				

* $p<0.1$, ** $p<0.05$, *** $p<0.01$。

图 5-2 报告了设施蔬菜种植户生产技术效率的核密度分布。纵轴频率表示某一技术效率在统计农户中出现的频次高低。分布图显示，随机前沿分析（SFA）估计出的农户生产技术效率最小约为 16%，最大约为 85%，均值约为 58%，且大部分农户生产技术效率介于 60%~70%。生产技术效率的分调研地区统计结果见表 5-8，其中辽宁地区的均值为 65.5%，山东地区农户的生产技术效率均值为 54.3%。辽宁地区生产技术效率值明显高于山东地区的原因可能在于，辽宁地区所调研农户的流转土地面积远远高于山东的调研农户，其中辽宁地区种植户的流转面积均值为 63.9hm^2，山东地区为 26.55hm^2，而土地流转不仅具有"拉平效应"，即土地从生产经营禀赋低的农户向生产经营禀赋高的农户集中，有利于实现土地资源的帕累托改进，还可以有效降低农地细碎化程度，推动农地规模经营，提高农业生产效率，因

而辽宁地区种植户较大的土地流转规模有利于推动当地设施蔬菜规模化种植，提升其生产技术效率。

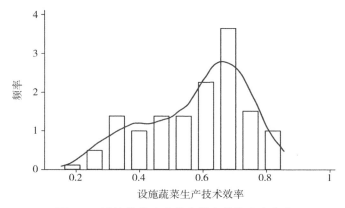

图 5-2　设施蔬菜生产技术效率的核密度分布

表 5-8　分调研地区的效率值

调研地区	项目	均值	方差	最小值	最大值
辽宁	生产技术效率	0.655	0.131	0.319	0.855
	化肥施用效率	0.272	0.227	0.024	0.853
山东	生产技术效率	0.543	0.156	0.153	0.793
	化肥施用效率	0.154	0.115	0.025	0.465

4.3　化肥施用效率的测度

基于设施蔬菜生产技术效率的测度结果，利用模型中化肥施用效率的计算公式可进一步计算种植户的化肥施用效率。图 5-3 报告了样本农户化肥施用效率的核密度分布图，其化肥施用效率均值为 23.3%，最小值为 2.3%，最大值为 85.3%，且如图 5-3 所示，大部分农户的化肥施用效率值介于 10% 和 30% 之间，由此可见，调研地区农户存在化肥施用效率过低的问题，从而体现出在该地区推行"减施增效"技术、对当地农户进行技术培训的重要性。化肥施用效率的分调研地区统计结果见表 5-8，其中辽宁地区的均值为 27.2%，山东地区为 15.4%。辽宁地区农户具有相对较高的化肥施用效率，其原因可能也在于当地较大的土地流转规模有效降低了农地细碎化程度，推动了农地规模经营，更有利于机械化种植，提高了农业生产的效率。

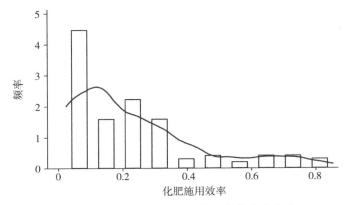

图 5-3 设施蔬菜化肥施用效率的核密度分布

4.4 农户化肥施用效率的影响因素分析

为了进一步探究农户化肥施用效率的影响因素，本文以化肥施用效率为因变量，借鉴相关实证研究经验，选取农户参与培训情况变量（是否参与技术培训、培训次数）、个体特征变量（户主学历水平、年龄、家庭人数）、环境认知变量（过量施用化肥是否对环境产生影响、是否对蔬菜品质影响、是否对土壤影响）作为控制变量，利用 OLS 回归模型，对其关系进行了探讨。此外，考虑到农户所在地区特征和种植不同蔬菜品种对回归结果的潜在影响，文章还加入了反映农户所属省份、蔬菜种植品种的虚拟变量。OLS 模型设定如下：

$$FE_i = \beta_0 + \beta_1 X_i + \varepsilon_i$$

其中，FE_i 表示农户 i 的化肥施用效率，X_i 表示一系列控制变量，ε_i 表示残差项。

表 5-9 报告了 OLS 模型的回归结果，其中第二、第三、第四列分别报告了估计系数、标准误和 P 值。估计结果显示，是否参与技术培训与化肥施用效率间存在显著的正向关系，农户参与技术培训能够使其化肥施用效率提高 8.6%。此外，培训次数也与农户化肥施用效率间存在显著的正向关系，农户接受的技术培训次数每增加一次，其化肥施用效率将增加 6.1%。这与项诚等（2012）的研究结论相一致，技术培训可有效地引导农民合理施肥，从而提升化肥施用效率。

模型估计结果同时显示，具有较高学历水平的农户有更高的化肥施用效率，如回归系数所示，农户受教育水平每提高一年，其化肥施用效率将提高 2.3%，且该正向关系在 1% 的水平上显著。此外，农户具有正确的环境认知也有助于提升其化肥施用效率。

表 5-9　OLS 模型估计结果

因变量：化肥施用效率	系数	标准误	P 值
参与培训			
是否参与培训	0.086 **	0.093	0.032
培训次数	0.061 **	0.088	0.021
个体特征			
学历水平	0.023 ***	0.048	0.007
年龄	0.005	0.013	0.702
家庭人数	−0.013	0.213	0.438
环境认知			
过量施用化肥是否对环境影响	0.012 **	0.104	0.041
过量施用化肥是否对蔬菜品质影响	−0.132	0.253	0.425
过量施用化肥是否对土壤影响	0.094	0.428	0.217
虚拟变量			
农户所属省份	−0.002	0.145	0.181
蔬菜所属种类	0.471	0.249	0.177
常数项	−0.398	0.874	0.650
R^2	0.613		
样本量	113		

*$p<0.1$，**$p<0.05$，***$p<0.01$。

因此，通过深入分析研究表明，农户化肥施用量的快速增加不仅降低了当前中国的化肥施用效率，同时造成了一系列的环境问题。研究结果表明：Ⅰ 设施蔬菜产出与种植面积、务农人数间存在显著的正向关系，但与农药费和化肥费的投入存在显著的负向关系，说明调研地区的种植户存在过量施肥施药的现象；Ⅱ 调研地区大部分农户生产技术效率介于 60%~70%，而其化肥施用效率值介于 10%~30%，由此可见，调研地区农户存在化肥施用效率过低的问题；Ⅲ 农户是否参与技术培训与化肥施用效率间存在显著的正向关系，农户参与技术培训能够使其化肥施用效率提高 8.6%，此外，农户受教育水平、是否具有正确的环保认知也与其化肥施用效率存在显著的正向关系。

在未来设施蔬菜生产推行化肥减施行动进程中,要针对农户早期的习惯性用量行为给予科学的正确指导和调整,用施肥效率的提高来保证粮食的增产提质;要进一步加强提高施肥效果的适用方法与技术的研究和实践推广,对种植户进行技术培训及有效的农业知识信息传递;并鼓励化肥生产厂商增加类似药品使用的"化肥施用说明书",即在化肥包装上增加适用于不同地区、不同作物的科学用量及效率提高小窍门等指导说明;同时大力开展农田土壤基本要素(N、P、K)的定期测试工作,让基本要素数据进入农民种田决策视野,让农民有机会享受科技进步带来的提高农业投入效率的福利。

第 6 章　茶园化肥减施增效技术应用的社会经济效果实证评价

　　我国是全球茶叶的发源地，也是茶叶的主产区之一，福建与云南是我国华南茶区与西南茶区 2 大著名主产茶区省份。茶产业已成为当地农民增收的支柱产业，对带动精准扶贫、创造农民就业方面做出了重要贡献。在茶产业快速发展的同时，受茶农习惯施肥方式、茶园地形条件等影响，在茶园生产管理中的过量施肥问题日益突出（李典友 等，2013；余明志 等，2014；倪康 等，2019）。相关研究指出，我国茶园化肥年均用量超过 200 万 t，有机肥使用比例仅为 15%，化肥减施的潜力约为 50%。而茶园化肥的过量施用，不仅会增加茶农的成本投入，而且给茶园造成如土壤酸化、面源污染等负面影响（伊晓云 等，2017；陈玉真 等，2020），同时也直接影响了茶叶的品质和茶农的经济收入。为了保障茶产业可持续发展，保护茶园生态环境，"十三五"重点研发项目设置了"化学肥料和农药减施增效综合技术研发"专项，包括专门针对茶园而研发的一系列化肥减施增效技术模式，并在浙江省、福建省、重庆省、云南省、贵州省等多个主要产茶区开展试验。为此，围绕解决上述问题而设置的"茶园化肥农药减施增效技术集成研究与示范"项目所研发集成的技术模式，开展应用效果评价非常重要。

1　受访区域概况

　　为了了解茶园种植施肥现状以及成本效益情况，本研究随机选取了福建省和云南省的部分茶园进行了调研，并探讨农户对茶叶化肥减施增效技术的采纳意愿和影响因素等，可为后续技术的推广提供参考。福建省位于中国东南部，北纬 23°33′~28°20′，东经 15°50′~120°40′，境内多山地、丘陵，气候为亚热带季风气候，雨热同期，降水丰富，适合茶树的生长。福建大部分属华南茶区，部分区域是江南茶区，乌龙茶的主产地，辅以白茶、红茶、绿茶和花茶类。福建茶区主要产闽南乌龙茶（安溪铁观音）、闽北乌龙茶（武夷大红袍）和福建白茶（福鼎白茶）。云南省位于我国的西南部，北纬21°8~29°15′，东经97°31′~106°11′，山地高原地形，省内山地面积占全省面积的88.64%，气候为热带季风气候和亚热带季风气候，西北部为高原山地气候，省内无霜期长，降水多，处于我国湿润区，为茶树的生长提供了良好的环境。云南茶区主要属于西南茶区和华南茶区，云南茶叶以普尔最为出名，此外还会生产红茶、绿茶和紧压茶等。云南地处全球茶叶原产地的中心位置，保留了大量的古茶园，在政府的领导下，进行了生态茶园的开发，发展势头积极向好。

2 受访区域茶农特征与茶园生产成本效益

数据来源于"十三五"国家重点研发计划项目"茶园化肥减施增效技术评估"课题组，2019年在福建与云南主产区茶区入户调研的257个茶农，其中福建选取泉州市（安溪县感德镇、祥华乡、虎邱镇、龙涓乡）与宁德市（福安市社口镇和松罗乡）6个乡镇的136个茶农，有效样本135个；云南选取西双版纳傣族自治州（勐海县勐混镇、西定乡；勐腊县易武镇）与景洪市（大渡岗乡）4个乡镇122个茶农。调查主要内容包括：农户的基本情况、茶园肥料施用及茶农减肥意识情况、减肥技术采纳情况、减肥技术推广培训、采纳、支持政策情况及茶园种植生产的成本效益。本研究在明晰调研区域茶农常规施肥行为习惯、化肥养分投入与成本效益情况基础上，结合受访茶农个体特征、家庭特征和外部特征，判别影响茶农化肥养分投入决策行为的重要因素，以期为茶园化肥减施增效技术模式的研发提供基准数据支撑，促进茶产业提质增效。

调查数据采用StataSE15（64-bit），作描述性统计分析、t检验、多重比较（LSD）与一般线性回归分析处理，SigmaPlot12.0作图。根据受访茶农化肥养分投入水平和自变量数据，选取一般线性模型来分析茶农化肥养分投入的影响因素，该模型如下：

$$\ln Y = \beta_0 + \beta_1 X_1 + \beta_2 X_2 + \beta_3 X_3 + \cdots + \beta_n X_n + u_i (n = 1, 2, \cdots, 11)$$

式中，Y为化肥养分投入水平，β_0为常数，X_n为自变量，β_n为自变量X_n的回归常数，u_i表示随机扰动项，即误差项。自变量的定义、取值、均值、标准差与预期作用方向如表6-1所示。

图 6-1　茶农调研现场

表 6-1　自变量的描述性分析

变量名称	变量定义	取值	均值	标准差	预期作用
个体特征					
X_1	教育水平	1 = 小学以下 = 1，2 = 小学，3 = 初中，4 = 高中或中专，5 = 大专及以上	2.590	0.920	+

（续表）

变量名称	变量定义	取值	均值	标准差	预期作用
家庭特征					
X_2	茶叶种植总面积（hm^2）	连续型	373.80	820.80	?
X_3	种茶总收入（万元）	连续型	11.14	45.41	?
X_4	是否施用有机肥	1＝是，0＝否	0.490	0.500	－
X_5	有机肥用量	1＝超量，2＝适量，3＝不足；4＝几乎没有施用	3.040	1.010	＋
外部特征					
X_6	政府对减施化肥技术补贴	1＝完全不重要，2＝比较重要，3＝一般，4＝比较重要，5＝非常重要	3.530	1.160	＋
X_7	是否接受过农技宣传培训	1＝是，0＝否	0.460	0.500	＋
X_8	有无农技推广员推广	1＝有，0＝无	0.260	0.440	＋
X_9	是否加入茶叶合作社	1＝是，0＝否	0.260	0.440	＋

注："＋"表示为正向，"－"表示为负向，"?"表示不确定。

2.1 受访茶农基本特征

图6-2所示，福建、云南受访茶农中种茶的劳动力，大部分以男性、中年（30~50岁）和具有小学与初中文化水平程度茶农为主，中等种植规模（0.67~3.33 hm^2）居多，3.33 hm^2以上规模较少。

2.2 茶园常规种植化肥投入情况分析

（1）茶园化肥养分投入水平。

在茶园化肥折纯养分投入方面，福建省与云南省受访茶区茶农习惯化肥氮投入分别为380.10 kg/hm^2和51.45 kg/hm^2、五氧化二磷（P_2O_5）投入150.3 kg/hm^2和27.6 kg/hm^2、氧化钾（K_2O）投入139.65 kg/hm^2和22.95 kg/hm^2（表6-2）。其中，福建受访茶区化肥养分水平投入高于2017年《农业部办公厅关于印发茶园机械化生产技术指导意见的通知》公布的依照茶园测土配方施肥，主施商品或腐熟有机肥，辅配相应的折纯化肥，其养分投入水平可在 N 150~300 kg/hm^2、P_2O_5 60~90 kg/hm^2 和 K_2O 60~120 kg/hm^2，这可能与选取的研究区域和受访样本量有关。因为本研究为茶园种植

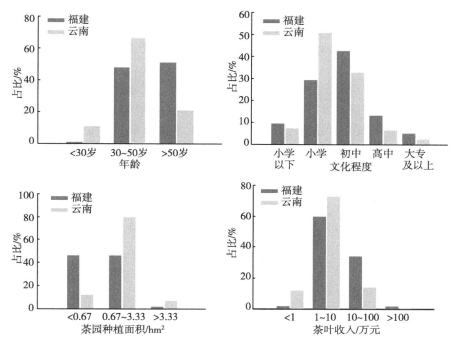

图 6-2　受访茶农的个体特征

常规习惯施肥基线调研，随机选取的茶园离茶叶化肥减施增效技术试验区较远，茶园减肥技术未扩散、辐射到该区域，茶农没有改变传统习惯性的施肥技术。而云南受访茶区折纯化肥 N 投入远远低于知道意见推荐的化肥养分投入水平，这与受访云南茶区主要为生态种植模式有关，即主要以有机肥施用为主，化肥施用为辅，尤其是绝大部分受访茶农主要按照生态茶园的标准化、规范化形式进行茶叶生产。

表 6-2　福建与云南省茶区化肥养分投入状况　　　　（单位：kg/hm²）

区域	N	P_2O_5	K_2O	总量
福建	380.10±101.70	150.30±59.25	139.65±19.95	670.05±194.1
云南	51.45±18.30	27.60±4.95	22.95±5.1	102.45±28.05

注：结果表示形式为平均值±标准差，下同。

经过 t 检验分析，福建与云南化肥养分投入呈显著性差异（$t=2.86$，$P<0.001$），主要原因是福建受访茶区茶农施肥习惯以化肥为主，有机肥为

辅。其中选择施用化肥的茶农占比78%，选择结合施用商品有机肥的仅占22%；而云南受访茶农仅有7%施用化肥，且主要是尿素，与福建受访茶农习惯用肥投入相反。因此，福建受访茶区在减少化肥施用量方面还有很大的空间。

进一步运用单因素方差（LSD）分析方法探讨福建受访茶农化肥养分投入与茶园种植规模差异（表6-3）发现，大规模、中等规模和小规模茶园的化肥养分投入在5%水平上差异显著，揭示出化肥施肥量受茶园种植规模的影响，不同规模茶园化肥养分的投入是不相同的，且不同规模茶农的施肥次数也有差异，小规模2次，中等规模和大规模多为3次。在化肥选择和施用量上，受访茶农表示生产中多是凭自己的经验选取化肥类型和确定施肥量，同时更多考虑是否省钱、省力和省心。在人力投入上，大部分茶农认为人工施用农家肥劳动强度大，需要雇用人工，人工成本较高。此外，2016年福建省政府颁布出台了限制家禽和生猪养殖以防治农业养殖面源污染的政策，导致农家肥来源不足，购买农家肥成本较高。因此，仅仅只有12%的受访茶农施用农家有机肥。

表6-3　福建省不同规模茶园化肥养分投入状况

类型	N（kg/hm²）	P₂O₅（kg/hm²）	K₂O（kg/hm²）	N：P₂O₅：K₂O
小规模	183.9±65.25	147.75±49.35	119.85±30.9	1：0.8：0.7
中等规模	393.45±207.9	213.3±118.95	145.05±63.15	1：0.5：0.4
大规模	273.15±110.4	120.15±57	98.85±36.45	1：0.5：0.4

从施用化肥导致的生态环境负外部性认知来看，福建与云南受访茶农的认知程度都较高，都认为过量施用化肥会对茶园土壤、地下水、人体健康造成影响，愿意采纳化肥减施增效技术模式。但针对改变习惯施肥行为，采纳化肥减施增效技术模式，福建和云南受访茶农考虑因素占比各异，如优先考虑保障茶叶品质排列第1位，分别占比50%与72%；可减少农业成本排第2位，分别占比21%与17%；考虑政府补贴排第3位，分别占比20%与11%；改善茶园生态环境与茶叶生产施肥标准技术培训占比都较低。无疑，加强对广大茶农环境友好型种茶技术与环境保护知识的宣传和培训刻不容缓，任重道远。

（2）受访茶农化肥养分投入影响因素。

运用stataSE15（64-bit）对受访茶农化肥养分投入影响因素的回归分析

显示，全样本（福建 + 云南，下同）、福建和云南 3 个模型整体均显著（$P<0.05$），调整 R^2 分别为 0.36、0.29、0.25，回归模型的拟合度良好。

由表 6-4 可见，变量"受访茶农教育程度（X_1）"对全样本、福建和云南受访茶农化肥养分投入水平在 1% 水平上呈显著的负向影响，与表 6-1 预期作用方向一致。受教育程度体现茶农的个人综合素质，关系到茶农施用化肥类型、施用量的决策。受教育程度水平越高，茶农对化肥养分投入趋向于合理，其结果与茹敬贤（2008）、刘渝（2011）和闫湘等（2016）相吻合。

变量"茶农种茶收入（X_3）"对全样本、福建、云南受访茶农化肥养分投入水平在 10% 水平上呈显著的负向影响（表 6-4），与表 6-1 预期作用方向一致，与马骥（2007）、史恒通等（2013）报道结果相符合。茶农的种茶收入越高，茶农倾向于增大规模，减少化肥成本投入。而受访茶农都以茶叶生产为收入主要来源，更愿意在主业上在确保茶叶产量与茶叶收入的前提下，降低化肥成本和化肥外部性风险，从而提高茶园的茶叶质量，获得较高的边际效益。

变量"是否使用有机肥（X_4）"对全样本受访茶农化肥养分投入水平在 1% 水平上呈显著的负向影响（表 6-4），与表 6-1 预期作用方向相同。结果说明，施用有机肥可以让茶农减少化肥使用量，研究结果与闫湘等（2016）认为农户施用有机肥对作物减施化肥具有正向影响的观点相一致；而施用有机肥对福建、云南受访茶农产生不显著的影响。这主要是因为福建受访茶农因限养导致农家肥不足而使得在生产上以施用化肥为主，云南受访茶区是生态茶园，因此大部分茶农偏好施有机肥。

变量"有机肥用量（X_5）"对全样本受访茶农化肥养分投入水平在 1% 水平上和对福建受访茶农化肥养分投入在 5% 水平上都呈显著负向影响（表 6-4），揭示出随有机肥用量增大，茶农化肥减量的可能性越高，因为增施有机肥，不仅能减少化肥使用量，而且能确保提升茶叶品质和提高茶园土壤地力水平（苏火贵，2015）。

变量"政府对减施化肥技术补贴（X_6）""是否接受过农技宣传培训（X_7）""有农技推广员推广（X_8）"和"加入农业合作社（X_9）"都对全样本、福建、云南受访茶农化肥养分投入水平影响不显著（表 6-4），表明在福建受访茶区茶农因限养政策导致农家肥不足而商品有机肥成本高，加之山坡茶园运送有机肥到田间地头不便同样带来人力成本增加，使得该受访区域茶农对这些因素的激励不敏感，显示出对施用化肥的偏好。不过现实中更多茶农选择使用复合肥，只有少数茶农还使用尿素；而云南受访茶区绝大多数茶农是采用生态茶园种植方式，已经形成生态产品品牌，所以无论有无政府补贴、技术指导或加入合作社，他们都会按照生态茶园规范去种植生产（巩前文 等，2018）。

表 6-4　受访茶农化肥养分投入水平的影响因素回归分析结果

变量	全样本	福建	云南
X_1	0.0400 ***	0.116 ***	0.0488 ***
	(5.32)	(3.67)	(2.97)
X_2	0.0000327	−0.000176	0.00457
	(0.07)	(−0.43)	−1.26
X_3	−0.000408 *	−0.000265 *	−0.0130 *
	(−3.74)	(−2.56)	(−2.06)
X_4	0.224 *	0.0886	0.519
	(2.99)	(0.83)	(1.74)
X_5	−0.100 ***	−0.0399 **	−0.131
	(−3.62)	(−2.97)	(−0.95)
X_6	0.00236	0.000932	−0.0256
	(0.09)	(0.04)	(−0.49)
X_7	0.0518	−0.0158	0.0412
	(0.91)	(−0.22)	(0.45)
X_8	0.0459	0.154	0.0183
	(0.73)	(1.82)	(0.19)
X_9	0.00464	−0.0387	0.133
	(0.08)	(−0.61)	(1.02)
常数项	0.903 ***	0.632 ***	1.869 ***
	(7.53)	(3.65)	(5.91)
N	257	135	122
调整 R^2	0.36	0.29	0.25

注：表中括号里数字代表 t 统计量，* ** *** 分别表示在 10%、5% 和 1% 水平上显著。

2.3　茶园种植成本效益分析

就茶园种植全过程总成本构成分析来看，福建与云南茶园种植过程中，人工成本占总成本份额都最高，分别是 83% 和 90%。主要原因是茶园的生产管理属于劳动密集型作业，在进行茶园修剪、施肥、杀虫、除草和采茶等工作中，需要大量的人力，其中修剪和采摘的质量直接影响到茶叶的品质。同时，我国农村机械化程度不高，且茶园多位于特殊山地丘陵地形区，具有一定坡度，机械作业很难推广。而调研访问到部分机械需要专门技术人员进行操作作业，雇用技术人员的价格比起手工作业的工人的成本价格更高。因此，茶园机械化需求较人工需求较大，茶园的机械化水平还有很大的提升空间。机械化生产可以有效解决劳动力不足及人工成本过高的难题，这为"减施节本、提质增效和轻简性"茶叶化肥减施增效技术研发指明了方向。

就土地流转、物料成本、人工成本、总成本及收益等具体方面进行分析（表 6-5）可见，福建与云南茶园种植总成本分别为 74 492.55 元/hm² 和 18 956.85 元/hm²，毛收入分别为 82 267.40 元/hm² 和 51 972.60 元/hm²，净收益分别为 68 220.45 元/ hm² 和 46 316.55 元/hm²。而伊晓云 等（2017）报道 2015 年全国茶叶主产区 16 个省份的当地习惯施肥收益是 62 850 元/hm²，比本研究结果高，本研究考虑整个茶园生产环节的人工成本与物料成本，其中物料成本包括化肥成本、农药成本、色板成本和固定资产折旧成本等，而伊晓云等只关注化肥成本，计算方法采用是每公顷产值减去化肥成本，忽略了其他成本。福建省武夷山市永生茶业有限公司大坪洲茶园，2018 年田间试验常规施肥技术评价每公顷净收益 94 920 元/hm²，比本研究福建省所得结果偏高，与其只重点考虑土地成本、农药成本与机械成本有关（陈玉真 等，2015）。

表 6-5　福建与云南茶农的茶园成本效益分析

类型		福建均值	标准差	云南均值	标准差
土地流转		381.75	163.35	658.80	272.85
物料成本		12 429.95	3 041.7	1 305.9	552.45
人工成本		61 685.85	13 358.1	1 132.81	783.29
总成本		74 492.55	18 579.75	18 956.85	7 339.80
产量		6 950.70	1 917.90	2 374.65	583.65
单价		17.59	8.19	21.89	11.28
毛收入		122 267.40	31 504.20	51 972.60	15 379.20
净收入	计自投工	47 774.85	9 885.45	33 015.90	13 353.45
	不计自投工	68 220.45	22 511.70	46 316.55	26 975.10

注：除了产量为 kg/hm²，单价单位为元/kg，其余项目单位为 kg/hm²。

因此，本研究基于 257 份受访茶农微观数据实证分析了福建、云南受访茶农的种植成本效益、化肥养分投入水平及其影响因素。不难发现，福建与云南受访茶区茶园种植成本差异显著，人工成本投入占茶园种植总成本的比例较高。同时福建与云南受访茶农施肥习惯两极分化，化肥养分投入差异显著，其中福建茶园主要以化肥为主，有机肥为辅，化肥养分投入水平较高，超过茶园测土配方施肥推荐限量标准，而云南受访茶区与之相反。这与当地推行生态种植模式有紧密关系。福建受访茶区不同规模茶园化肥养分投入存在显著性差异，有机肥与无机肥配比失调，对此，还需鼓励茶农增施有机肥以减施化肥。另外，在受访茶农化肥养分投入水平的影响因素中，"教育程度""茶农收入""是否使用有机肥""有机肥用量"呈显著负向影响。

根据上述研究结论并结合茶农生产的实际情况，提出如下茶园可持续健康发展对策建议：第一，研发人员应加大适宜于茶园山地丘陵地带工作特色机械的研发力度，提高茶园的机械化水平，以降低茶园的人工成本，如建立统一机械化施肥、修剪、采摘等，形成标准化、集约化茶园生产管理模式，缩减人工成本，提高茶叶生产的经济效益。第二，要加快综合集成具有可操作性、经济性、简捷性、稳定性以及适宜当地实际的最优茶叶化肥减施增效技术模式，吸引茶农采纳，实现以较少化肥投入取得高产出、高收益的效果，让茶农打消减肥减产减收的顾虑。第三，要强化福建受访茶区茶园最佳的化肥减施增效技术教育宣传推广培训力度。科研人员、技术研发人员与农技推广人员等应及时将最佳技术向茶农宣传推广培训，减少茶农化肥养分投入水平，转变茶农的传统的习惯施肥行为，促进茶园化肥减量行动落在实处，使得茶园朝向清洁化、无害化、绿色化可持续的发展。

3 化肥减施增效技术模式应用的社会经济效果案例实证评价

3.1 案例选择

本案例实证研究，选取"十三五"国家重点研发计划"茶园化肥减施增效技术集成与示范项目"任务承担方之一、福建省农业科学院茶叶研究所和国家土壤质量福安观测实验站研究团队针对福建省闽东绿茶区所存在的施肥问题而研发的 5 项化肥减施增效技术模式为评价对象。闽东泛指福建省东部地区，包括福州和宁德两市，闽东绿茶区茶园化肥减施增效技术模式试验区位于宁德市周宁县（E 119°06′～119°29′，N 26°53′～27°19′）（图 6-3），境内多山地丘陵，平均海拔 800 m，亚热带季风气候，土壤类型为红黄壤，试验区茶树品种为福云 6 号，茶树树龄约 40 年左右，生产茶类主要为绿茶（名优绿茶和珠茶）。该地茶农习惯施用化肥量偏高，折纯总养分量达到 915 kg/hm²，其中折纯化学 N 达到 555 kg/hm²，P_2O_5 180 kg/hm² 和 K_2O 180 kg/hm²。过量的养分投入不可避免地对茶叶品质、茶农收入和茶园产地环境带来负面影响，急需引入适宜的茶园化肥减施增效技术模式，通过推广应用全面提升闽东绿茶区茶叶品质、茶农收益和改善茶园产地环境。

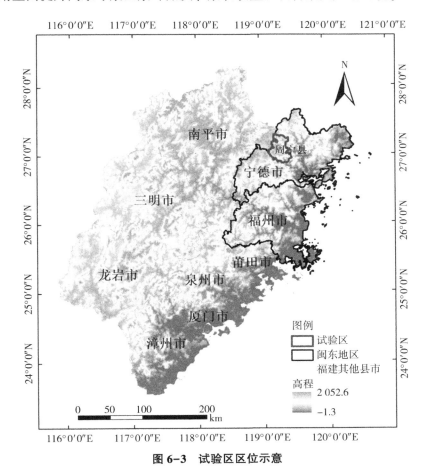

图 6-3　试验区区位示意

　　5 项茶园化肥减施增效技术模式及相关参数由福建省农业科学院茶叶研究所和国家土壤质量福安观测实验站研究团队提供。具体包括模式 1（施用专用肥模式）、模式 2（有机肥料替代部分化肥模式）、模式 3（施用脲甲醛复合肥新型肥料模式）、模式 4（施用生物炭基肥模式）、模式 5（地力改良与施生物炭结合模式），各项技术模式主要集成了新型高效肥料技术、有机肥替代部分化肥技术和土壤改良技术等。5 项技术模式所针对的问题不同，目标不同，各具特色。各模式的关键技术环节措施也有所差异，具体见表 6-6、表 6-7。5 项模式的施肥方式均采用撒施后旋耕，时间运筹为一基两追。基肥、春茶追肥和秋茶追肥比例按照 40%、30% 和 30% 进行，其他如土壤水分、病虫害防治等管理措施都保持一致。

表 6-6　5 项技术模式比较

技术模式	针对问题	目标	特色
模式 1	闽东茶区氮磷钾养分投入不平衡问题	氮磷钾养分投入与茶树养分需求相一致，降低养分投入 30% 以上	针对区域茶树品种及生产茶类养分需求规律，制定茶园养分管理方案
模式 2	闽东茶区有机肥施用比例低	茶园有机养分投入占比 30% 以上，化肥用量减少 50% 以上	茶园有机肥替代部分化肥，减量增效
模式 3	养分铵硝比与茶树养分需求不匹配	化肥用量减少 30% 以上，茶叶产量提高 2%	速效养分与长期养分相结合，茶树生长季持续供应铵态氮，提高养分利用效率
模式 4	闽东茶区土壤板结、酸化，有机质含量低	土壤 pH 值提高 0.1 个单位/年，化肥用量减少 30% 以上	利用生物炭多孔、稳定等性质，改良土壤理化性质，提高土壤 pH 值
模式 5	闽东茶区土壤酸化，盐基离子缺乏、比例失调	土壤 pH 值提高 0.2 个单位/年；化肥用量减少 30% 以上	利用土壤调理剂增加土壤钙、镁等盐基离子含量，提高土壤 pH 值；利用生物炭多孔、稳定等性质，改良土壤理化性质

表 6-7　5 项技术模式施肥特征

技术模式	肥料组合	养分总量 （kg/hm²）	化肥减量	N （kg/hm²）	P_2O_5 （kg/hm²）	K_2O （kg/hm²）
模式 1	茶叶专用肥	575	37%	375	80	120
模式 2	有机肥+茶叶专用肥	345	62%	225	48	72
模式 3	脲甲醛控释复合肥	525	43%	300	75	150
模式 4	生物碳基肥料	508	44%	300	80	128
模式 5	土壤调理剂+生物碳基肥料	540	41%	315	90	135

注：化肥减量一栏的数值取整数。

3.2　效果评估

3.2.1　专家约束下的主成分分析模型

首先，基于构建的指标体系邀请茶学、农学、土壤化学、植物营养和农业经济及管理等多个学科的 24 位专家对各个指标进行打分，各指标的打分权数最大值和最小值见表 6-8。

表 6-8 专家打分统计结果

指标层次	指标	最大值	最小值
准则层	B1	0.2667	0.4706
	B2	0.1000	0.4211
	B3	0.1053	0.3000
	B4	0.0526	0.2222
指标层	C1	0.1667	0.4000
	C2	0.0870	0.3500
	C3	0.0833	0.2381
	C4	0.0952	0.3000
	C5	0.0500	0.4444
	C6	0.0714	0.2353
	C7	0.2308	0.6875
	C8	0.2292	0.6964
	C9	1.0000	1.0000
	C10	1.0000	1.0000
子指标层	D1	0.3333	0.6667
	D2	0.1667	0.3333
	D3	0.1667	0.3333
	D4	1.0000	1.0000
	D5	1.0000	1.0000
	D6	0.1111	0.3571
	D7	0.1176	0.3571
	D8	0.1429	0.5882
	D9	0.1111	0.4118
	D10	0.1875	0.5000
	D11	0.0000	0.3750
	D12	0.0000	0.3125
	D13	0.1875	0.5000
	D14	1.0000	1.0000
	D15	0.2000	0.6667
	D16	0.3333	0.8000
	D17	1.0000	1.0000
	D18	1.0000	1.0000
	D19	1.0000	1.0000

注：结果有效数字保留四位。

其次，在专家约束下的主成分分析模型下，确定各项指标的正负方向，正向指标又称作为望大型指标，即指标值越大越好，逆向指标又称作望小型指标，即指标值越小越好，除此之外还有适度指标，即越接近某个值越好，一般在将原始数据进行标准化时我们可以将负向指标和适度指标转化为正向指标。将原始数据进行标准化处理的目的是消除量纲的影响，使得各项单位不统一的数据具有可比性。在此，因待评价的 5 种茶园化肥减施增效技术模式部分生产投入和茶园管理相同，因此实际监测数据相同的指标在模型计算中也不再考虑。因此，我们计算得到 5 项技术模式的标准化处理结果（表6-9）。

表 6-9　5 项技术模式标准化处理结果

子指标	模式 1	模式 2	模式 3	模式 4	模式 5
D1	-1.3469	1.4592	0.0561	0.0561	-0.2245
D2	-0.3410	1.6796	-0.0253	-0.3410	-0.9724
D3	0.0339	1.6593	-0.9821	-0.2370	-0.4741
D4	-0.8246	1.7121	-0.4019	-0.0088	-0.4767
D5	-0.4472	1.7889	-0.4472	-0.4472	-0.4472
D6	-0.2519	-1.1764	1.5300	0.2707	-0.3724
D7	-0.2872	1.1020	-0.3324	0.8715	-1.3539
D8	-0.3293	0.2416	0.9095	-1.5659	0.7442
D9	-1.2324	-0.4409	-0.3912	1.0694	0.9951
D10	-1.0197	-0.2914	1.3839	0.6556	-0.7284
D11	-1.5455	-0.4331	0.7376	0.8547	0.3863
D12	0.8564	-0.3670	-1.5895	0.5501	0.5501
D13	-0.8406	1.3494	-1.0397	0.6194	-0.0887
D14	0.4179	1.2725	-1.2199	0.3159	-0.7863
D15	0.9550	-1.2703	0.1032	0.9550	-0.7428
D16	-0.4178	-1.2724	1.2200	-0.3159	0.7862
D17	1.5560	-0.7538	-0.7909	0.4332	-0.4445
D18	0.8682	1.2433	-0.6324	-1.0611	-0.4180
D19	1.0954	1.0954	-0.7303	-0.7303	-0.7303

注：结果有效数字保留四位。

　　然后，利用 SPSS 软件计算子指标层标准化后的数据的协方差，结合专家打分的最大值和最小值，用软件 Mathematica11.3 即可算出各项子指标的权重。之后根据 2.1.1 节专家约束下的主成分分析模型计算步骤的第五步，即可计算出指标层各指标值。将指标数据运用 Z-Score 法进行标准化处理，再按照求取子指标层权重的步骤即可计算指标层的各指标在准则层所占权重，以此类推，直至算出准则层的指标值，即为最终的评价结果。以 C1 化肥施用量下的子指标 D1、D2、D3 为例：

表 6-10　D1、D2、D3 的协方差矩阵

	D1	D2	D3
D1	1	0.777	0.603
D2	0.777	1	0.836
D3	0.603	0.836	1

输入：

maximize[{ a * a + b * b + c * c + 0.777 * 2 * a * b + 0.603 * 2 * a * c + 0.836 * 2 * b * c, a ≥ 0.3333, a ≤ 0.6667, b ≥ 0.1667, b ≤ 0.3333, c ≥ 0.1667, c ≤ 0.3333, a + b + c = 1}, {a, b, c}]

输出：

[0.853094, {a->0.6666, b->0.1667, c->0.1667}]

其中，a、b、c 分别对应了子指标 D1、D2、D3。

从输出的结果可知，子指标 D1、D2、D3 所对应的权重分别为 66.66%、16.67%、16.67%。

再将标准化后的数值与子指标权重进行信息集结，即可计算出指标层值，如 $X_{C1} = X_{D1} \times W_{D1} + X_{D2} \times W_{D2} + X_{D3} \times W_{D3}$，同理可得到其他指标层的指标数值。

各项指标的赋权结果、指标值计算结果及排序见表 6-11、表 6-12、表 6-13 和表 6-14。

表 6-11　指标赋权结果

准则层	权重	指标层	权重	子指标层	权重
				D1	66.67%
		C1	40.00%	D2	16.67%
				D3	16.67%
		C2	35.00%	D4	100.00%
		C3	10.00%	D5	100.00%
				D6	11.00%
B1	37.78%	C4	10.00%	D7	12.00%
				D8	59.00%
				D9	18.00%
				D10	37.50%
		C5	5.00%	D11	37.50%
				D12	6.25%
				D13	18.75%

（续表）

准则层	权重	指标层	权重	子指标层	权重
		C6	7.10%	D14	100.00%
B2	10.00%	C7	69.00%	D15	66.67%
				D16	33.33%
		C8	23.90%	D17	100.00%
B3	30.00%	C9	100.00%	D18	100.00%
B4	22.22%	C10	100.00%	D19	100.00%

注：结果有效数字保留两位。

表 6-12　指标层数据处理结果

指标层	C1	C2	C3	C4	C5	C6	C7	C8	C9	C10
模式 1	−1.0276	−0.8246	−0.4472	−0.9058	−1.5405	0.4179	0.6387	1.5560	0.8682	1.0954
模式 2	1.6556	1.7121	1.7889	0.1250	−0.0601	1.2725	−1.6322	−0.7538	1.2433	1.0954
模式 3	−0.1413	−0.4019	−0.4472	1.1261	0.7243	−1.2199	0.6106	−0.7909	−0.6324	−0.7303
模式 4	−0.0638	−0.0088	−0.4472	−1.1308	1.0360	0.3159	0.6824	0.4332	−1.0611	−0.7303
模式 5	−0.4230	−0.4767	−0.4472	0.7855	−0.1597	−0.7863	−0.2995	−0.4445	−0.4180	−0.7303

注：结果有效数字保留四位。

表 6-13　准则层数据处理结果及排序

准则层	B1	排序	B2	排序	B3	排序	B4	排序
模式 1	−1.0432	5	1.0249	1	0.8682	2	1.0954	1
模式 2	1.6585	1	−1.4797	5	1.2433	1	1.0954	1
模式 3	−0.1065	2	0.1772	3	−0.6324	4	−0.7303	2
模式 4	−0.1540	3	0.7262	2	−1.0611	5	−0.7303	2
模式 5	−0.3549	4	−0.4487	4	−0.4180	3	−0.7303	2

注：结果有效数字保留四位。

表 6-14　5 项技术模式结果及排序

目标层	模式 1	模式 2	模式 3	模式 4	模式 5
综合得分	0.2123	1.0950	−0.3745	−0.4662	−0.4666
排序	2	1	3	4	5

注：结果有效数字保留四位。

　　通过专家赋权下的主成分分析模型计算得出，各个技术模式综合排序为模式 2＞模式 1＞模式 3＞模式 4＞模式 5（见表 6-14）。针对各个层面的特征差异性排序（见表 6-13），从技术本身优势特征指标来看，模式 2>模式 3>模式 4>模式 5>模式 1；其经济效益指标为模式 1>模式 4>模式 3>模式 5>模式 2；社会效益是模式 1>模式 2>模式 5>模式 3>模式 4；而管理指标为技术模式 1=模式 2>模式 3=模式 4=模式 5。

　　模式 1 的经济效益是最优的，社会效益排名第二，管理上与模式 2 并列第一，但在技术本身优势特征上却是最劣的。模式 1 所采用的是茶叶专用肥，茶叶专用肥是根据地区土壤的养分状况和茶叶需肥特性进行研发的，专门适用于茶叶生长的一种肥料。茶叶专用肥的氮磷钾养分含量按照一定的比例配比进行生产，按照一定的用量进行施肥。导致模式 1 的技术特征最劣有以下几点原因：首先，模式 1 化肥施用强度中单位面积化肥 N 用量是最高的，高达 375 kg/hm²，且该指标的权重占比较高，自然也就放大了劣势；其次单位施 N 量所增加的茶叶产量以及茶叶品质指标评分是五项技术模式中最低的；模式 1 在土壤肥力方面仅优于模式 4。因此导致模式 1 的技术本身优势特征指标评分排在末位。模式 1 单位种植面积肥料成本与传统技术相比，成本较低，且肥料总量得以控制，在减量中也减少了成本，同时增加了产量，模式 1 单位种植面积产量在 5 项技术中排名第二，并且较传统技术单位面积净增收益是最高的，因此模式 1 的经济效益是五项技术中最好的。因技术模式有进行推广，政府有文件和配套政策的支持，所以该技术在社会效益和管理上具有一定的优势。

　　模式 2 的技术本身优势特征和社会效益都优于其他四个技术，管理上与模式 1 并列第一，而经济效益最差。模式 2 的单位面积化肥 N、P_2O_5、K_2O 用量最少，化肥施用强度的排序优于其他几个技术模式，加之有机替代部分化肥，改善了地力，促进茶叶产量和质量的大大提升，进而展示了技术优势特征指标优于其他模式。推广面积又是 5 项技术中最大的，因此社会效益较好。管理上主要是当地的政府有相关的政策进行支持，所以管理上会优于除模式 1 外的其他技术。模式 2 经济效益较低主要源于其较高的人工成本和肥料成本，且与传统技术比单位面积净增收益并未增加太多，所以经济效益劣于其他几项技术。

　　模式 3 在技术本身优势特征指标上排名第二，经济效益处于中等水平，而社会效益和管理上都相对处于劣势。模式 3 的土壤肥力是 5 项技术中最高的，茶叶品质评分排在第二，其他指标评分中等，远超其他技术模式的优势使得模式 3 的技术优势特征排名靠前。经济效益方面因成本投入排序中等，而单位种植面积产量和单位面积净增收益最低，但是成本投入的权重要比其他两项指标要高，从而使得成本投入的优势发挥，要超过其他两项劣势，所以使得经济效益排在第三位。社会效益上因推广面积小，而要低于除模式4以外的其他技术。管理上当地政府未将其纳入主推技术中，所以在这方面相较模式1和模式2会处于弱势。

模式4在技术本身优势特征指标上排名中等，经济效益上优于除模式1以外的其他技术，在社会效益和管理上排名最低。模式5的技术特征仅优于模式1，经济效益和社会效益均处于中等偏下的水平，而管理同模式3和模式4一样属于最不好的。这与模式5的化肥施用强度、化肥农学效率和茶叶品质等各项指标的评分都比较低，单位种植面积肥料成本较高，所获单位种植面积产量又偏低，以及单位种植面积人工投入成本和与传统技术比单位面积净收益在五项技术中都是处于中等的水平、管理上没有政府支持等劣势较多有较大关系。

综合来看，技术模式2在技术本身优势特征、社会效益与管理方面，均处于优先的地位，这与技术本身所具有的特征优势、研究人员聚焦茶园有机肥替代技术研发和政府对有机替代技术的大力推广有很大关系。但是有机肥替代化肥技术模式的经济效益并不高，主要在于其肥料成本以及人工成本过高，而获得的收益回报较低，因此要更好地推广模式2，可以从成本控制进行入手。模式1排序第二，其经济效益最高，从茶农对于收益追求的角度来看，该模式更利于在茶农中进行推广；但其技术本身优势特征指标评价分值最低，该模式的难度主要在于肥料中氮磷钾养分的配比，不仅要做到最大限度地提升土壤肥力、减少污染，同时还有需要满足茶树养分需求，提高茶叶产量和品质。所以对于该模式在精准配比上还有做进一步的研究才能有利于以后的推广。模式3的各个指标排序在中等水平浮动，没有太明显的优势和劣势，还需要继续对各维度强化研究，突出优势。模式4与模式3一样，存在相同的问题，同样需要深化研究。至于模式5，作为合成技术模式，技术稳定性不佳，再加上较高的经济成本和不高的收益回报，使得技术很难获得农民接受，因此不建议对其进行推广。

3.2.2 基于专家意见多重相关性的灰色关联分析模型评价

（1）基于专家意见多重相关性指标赋权结果。

根据指标体系设置专家打分表，并邀请了24位农学、土壤化学、植物营养和农业经济及管理等多个学科的专家进行打分赋权，采用专家组多重相关性赋权法得到最终权重（表6-15）。从总体来看，专家们比较关注的是化肥减施增效技术模式的技术优势特征，赋予了技术特征本身最高的权重

29.36%；其次是经济效益，权重为27.29%，这既是政府所关心的，也更是广大农户更关心的；再次是社会效益，权重为20.36%，这是推广部门和学者共同关心的，它反映了科技成果最终落地或被生产需要应有的重视程度；管理指标，权重为22.99%，体现了政府层面对技术成果应用的重视程度。

表6-15　基于专家组多重相关性赋权法的赋权结果

目标层	准则层	权重	指标层	权重	子指标层	权重
化肥减施增效技术评价指标体系A	B1 技术优势	29.36%	C1 化肥施用量	7.49%	D1 单位面积折纯化肥 N 用量	3.63%
					D2 单位面积折纯化肥 P_2O_5 用量	1.93%
					D3 单位面积折纯化肥 K_2O 用量	1.93%
			C2 化肥农学效率	7.38%	D4 单位施 N 量所增加的茶叶产量（AE）	7.38%
			C3 稳产下有机无机替代率	4.51%	D5 有机物料替代化学 N 肥的比例	4.51%
			C4 地力提升	5.69%	D6 土壤全 N	2.50%
					D7 速效磷	0.97%
					D8 速效钾	1.22%
					D9 pH	1.00%
					D10 水浸出物	1.03%
			C5 茶叶品质	4.29%	D11 茶多酚	1.26%
					D12 咖啡因	0.73%
					D13 氨基酸	1.26%
			C6 产量	3.11%	D14 单位种植面积茶青产量	3.11%
	B2 经济效益	27.29%	C7 成本投入	11.43%	D15 单位种植面积人工投入成本	5.38%
					D16 单位种植面积肥料成本	6.05%
			C8 净增收益	12.75%	D17 与传统技术比单位面积净增收益	12.75%
	B3 社会效益	20.36%	C9 技术推广面积	20.36%	D18 技术推广面积	20.36%
	B4 管理	22.99%	C10 地方政府配套政策	22.99%	D19 省市县级政府是否纳入文件列为主推技术	22.99%

注：结果有效数字保留两位。

（2）灰色关联分析。

将原始数值进行标准化处理，消除量纲。以原始数据标准化后的数据作为比较数列 X_i，以标准化后不同技术下同一指标的最优值作为参考数列 X_0。

表 6-16　比较数列与参考数列

指标	X_i					X_0
	模式 1	模式 2	模式 3	模式 4	模式 5	
D1	−1.3469	1.4592	0.0561	0.0561	−0.2245	1.4592
D2	−0.3410	1.6796	−0.0253	−0.3410	−0.9724	1.6796
D3	0.0339	1.6593	−0.9821	−0.2370	−0.4741	1.6593
D4	−0.8246	1.7121	−0.4019	−0.0088	−0.4767	1.7121
D5	−0.4472	1.7889	−0.4472	−0.4472	−0.4472	1.7889
D6	−0.2519	−1.1764	1.5300	0.2707	−0.3724	1.5300
D7	−0.2872	1.1020	−0.3324	0.8715	−1.3539	1.1020
D8	−0.3293	0.2416	0.9095	−1.5659	0.7442	0.9095
D9	−1.2324	−0.4409	−0.3912	1.0694	0.9951	1.0694
D10	−1.0197	−0.2914	1.3839	0.6556	−0.7284	1.3839
D11	−1.5455	−0.4331	0.7376	0.8547	0.3863	0.8547
D12	0.8564	−0.3670	−1.5895	0.5501	0.5501	0.8564
D13	−0.8406	1.3494	−1.0397	0.6194	−0.0887	1.3494
D14	0.4179	1.2725	−1.2199	0.3159	−0.7863	1.2725
D15	0.9550	−1.2703	0.1032	0.9550	−0.7428	0.9550
D16	−0.4178	−1.2724	1.2200	−0.3159	0.7862	1.2200
D17	1.5560	−0.7538	−0.7909	0.4332	−0.4445	1.5560
D18	0.8682	1.2433	−0.6324	−1.0611	−0.4180	1.2433
D19	1.0954	1.0954	−0.7303	−0.7303	−0.7303	1.0954

注：结果有效数字保留两位。

　　将规范化后的数列与参考数列进行比较，按照 2.2.2 节灰色关联法信息集结中第三步的公式计算即可得出第 k 个指标的关联系数。ρ 为分辨系数，介于 0 与 1 之间，一般取值为 0.5。

表 6-17　关联系数表

指标	模式 1	模式 2	模式 3	模式 4	模式 5
D1	0.3333	1.0000	0.5000	0.5000	0.4545
D2	0.4098	1.0000	0.4514	0.4098	0.3460
D3	0.4633	1.0000	0.3469	0.4252	0.3967
D4	0.3561	1.0000	0.3989	0.4491	0.3906
D5	0.3855	1.0000	0.3855	0.3855	0.3855

（续表）

指标	模式 1	模式 2	模式 3	模式 4	模式 5
D6	0.4405	0.3414	1.0000	0.5270	0.4245
D7	0.5025	1.0000	0.4945	0.8589	0.3636
D8	0.5311	0.6775	1.0000	0.3617	0.8946
D9	0.3787	0.4816	0.4900	1.0000	0.9497
D10	0.3686	0.4558	1.0000	0.6583	0.3991
D11	0.3689	0.5214	0.9229	1.0000	0.7497
D12	1.0000	0.5342	0.3645	0.8208	0.8208
D13	0.3905	1.0000	0.3700	0.6578	0.4938
D14	0.6215	1.0000	0.3602	0.5946	0.4053
D15	1.0000	0.3867	0.6223	1.0000	0.4525
D16	0.4614	0.3602	1.0000	0.4774	0.7638
D17	1.0000	0.3779	0.3742	0.5555	0.4122
D18	0.7890	1.0000	0.4279	0.3784	0.4579
D19	1.0000	1.0000	0.4345	0.4345	0.4345

注：结果有效数字保留四位。

由关联系数矩阵 E 和专家组多重相关性赋权法所计算的意见一致的主观权重 $\overline{\omega}$ 的乘积得到评估数值矩阵 D，即可得到评价结果。

表 6-18　评价结果及排序

技术模式	综合	排序	技术	排序	经济	排序	社会	排序	管理	排序
模式 1	0.7399	2	0.1208	5	0.2285	1	0.1606	2	0.2299	1
模式 2	0.8143	1	0.2589	1	0.1219	5	0.2036	1	0.2299	1
模式 3	0.4952	4	0.1553	2	0.1529	3	0.0871	4	0.0999	2
模式 4	0.5021	3	0.1532	3	0.1720	2	0.0771	5	0.0999	2
模式 5	0.4721	5	0.1433	4	0.1357	4	0.0932	3	0.0999	2

注：结果有效数字保留四位。

首先，从综合效果评价得分看，显示模式2>模式1>模式4>模式3>模式5；其次，根据各技术模式在其技术优势特征、经济效益、社会效益和管理四个准则层面得分看，不同化肥减施增效技术模式分别表现不同的结果及差异化排序。就技术优势特征指标而言，5 种技术模式排序为模式2>模式

3>模式 4>模式 5>模式 1；经济效益方面是模式 1>模式 4>模式 3>模式 5>模式 2；社会效益则展现出模式 2>模式 1>模式 5>模式 3>模式 4；唯管理指标结果显示，模式 1 与模式 2 和模式 3 与模式 5 分别具有相同的管理效果，而模式 4 的管理效果介于模式 2 和模式 3 之间，简述为模式 1＝模式 2>模式 4>模式 3＝模式 5。

　　总体上，5 种化肥减施增效技术模式中，从茶农一般更关注技术的收益回报性、经济性（低成本）和轻简易操作性以及政府还关注技术应用的社会性与管理有序有效性来说，尽管模式 2 在技术优势特征、社会效益和管理方面都优于其他模式，排序都是第一，但其经济效益方面与老百姓的期望是有距离的，需要补足收益这个短板，更便于推广应用。模式 1 经济效益较高，但是技术优势特征获分很低，若能突破技术上障碍使之更符合老百姓能力可及的范围，则较易于推广应用。模式 4 的社会效益指标在 5 项化肥减施增效技术模式中排在末尾，经济效益排名靠前，值得进一步去克服相关指标反映的不足。模式 3 则是技术优势特征比较靠前，其他几项没有多大的优势，因此同模式 4 一样还需要进行改进。模式 5 则因其在各准则层指标结果在 5 项技术模式中排位相对比较靠后，而且技术优势特征本身、经济效益以及管理层面也都存在明显不足，还有待深入创新研究。

　　采用基于专家意见多重相关性赋权与灰色关联分析相结合的模型评估福建闽东绿茶区茶园化肥减施增效技术模式，总体来说，模式 1 和模式 2 优势明显高于其他技术模式，一方面在于这两种模式较其他三种能够好的提高茶叶产量和品质，另一方面这两种模式也都在管理方面得到了当地政府的支持。茶园化肥减施增效技术模式能否被农户采纳，除了技术本身以及技术所能带来的各种效益外，还会受到技术推广服务形式和推广力度的影响（程红莉 等，2015）。陶群山等分析了影响农户采纳农业新技术的因素发现，政府对新技术的扶持和宣传对农户采纳新技术有着显著的作用（陶群山 等，2013）。而针对模式 3、模式 4 和模式 5 的劣势，建议在强化技术改良同时，还需加强政府的支持力度。

　　模式 1 具有较好的经济效益，主要源于该技术模式所带来的低成本费用。但在化肥减量上，模式 1 化肥 N 及化肥总养分量投入虽较当地茶农习惯施用量分别减量 32% 和 37%，其单位面积化肥 N 施用量上依然是五种技术模式中最高的，达到 375 kg/hm²，显示了该模式较之于模式 2 的突出短板或不足，直接导致单位面积化肥 N 投入而获得的茶青产量稍低于模式 2，使其在技术优势特征指标一项中处于劣势。部分学者认为，茶树专用肥虽然能提高茶叶产量和品质，但若能与有机肥配施，或者增加专用肥中的有机质含量会更利于提高茶叶产量和品质（刘凡卫 等，2020；李萍萍 等，2015）。针对模式 1 还需进一步优化茶树专用肥中氮磷钾的配比，特别是减 N 潜力，以达到稳产前提下减少化肥 N 用量，增加茶园收益的目的。

　　模式 2 作为有机替代部分化肥技术应用模式，其综合评价得分位列五项技术模式之首，值得优先普及推广。不过，虽然有机肥的施用可提高土壤有机质含量，改善和丰富土壤微生物群落结构，使得土壤养分供给能力增强，促进茶叶产量和质量的大大提升（孙宇龙 等，2019），但该模式下化肥的减量所减少的成本并未降低总生产成本，相反，该模式的使用反而增加了成本额外支出，尤其是偏高的有机肥成本，导致该模式较之于茶农习惯生产技术模式的单位面积净增收益逊色于其他模式。黄继川等学者在研究有机替代技术中发现，由于有机肥的用量增加，使得有机肥成本增加（黄继川 等，2020）；再加上当地政府在该区域禁止养殖生猪的政策，推高有机肥价格，进一步增大有机肥施用成本（蔡茂楷，2014）。因此在推广有机替代部分化肥技术模式时，政府需要积极发挥作用，出台包容性绿色增长政策，直补茶农因采纳有机替代化肥技术额外成本的支出，鼓励和引导茶农科学绿色种植的积极性。

3.2.3　两种评价结果比较

　　根据基于专家意见多重相关性的灰色关联分析模型的评价结果和专家约束下的主成分分析模型的评价结果可知，在两种评价模型的综合评价下，5 项技术模式的综合排序趋势基本一致。技术优势特征、经济效益、社会效益和管理的排序相同。在专家约束下的主成分分析模型的评价下，模式 3 的综合排序要优于模式 4，而在基于专家意见多重相关性的灰色关联分析模型的评价下，模式 4 要优于模式 3。具体见表 6-19。

表 6-19　两种模型评价结果对比

指标	模式 1	模式 2	模式 3	模式 4	模式 5
综合	2	1	3	4	5
	2	1	4	3	5
技术特征	5	1	2	3	4
	5	1	2	3	4
经济效益	1	5	3	2	4
	1	5	3	2	4
社会效益	2	1	4	5	3
	2	1	4	5	3

（续表）

指标	模式 1	模式 2	模式 3	模式 4	模式 5
管理	1	1	2	2	2
	1	1	2	2	2

注：每个指标的首行为专家约束下的主成分分析模型下的评价结果排序。

　　从各个层面来看，模式 3 的优势在于技术优势特征，而模式 4 的优势在于经济效益。在专家约束下的主成分分析模型下，因为信息量大的指标，所获得的权重越接近打分的上限，在此模型下，经济效益的权重占比较低，使得原本在经济效益占有优势的模式 4，并未发挥其长处，而模式 3 因其优势指标的权重占比较高，长处得以显现，因此在专家约束下的主成分分析模型下，模式 3 的综合评分要高于模式 4。而在基于专家意见多重相关性的灰色关联分析模型中，技术模式 3 优于模式 4 主要在于其地力提升占优势，而其他几项的指标相差不大，其社会管理指标之间的评价得分也相差较小，而在经济效益中，模式 4 优于模式 3 在于其成本收益都具有优势，因此，虽然在技术优势特征和社会管理上模式 3 要优于模式 4，但是其优势无法弥补劣势，使得在综合排序中，模式 4 要优于模式 3。

　　综合两种评价模型的评价结果，可以得出，模式 2 的评分不论是在专家约束下的主成分分析模型下还是在基于专家意见多重相关性的灰色关联分析模型下都是最优的，其次是模式 1，但是两项技术模式分别在经济效益和技术优势特征上存在的缺点不容忽视，还需要改进；模式 3、模式 4 和模式 5 则还存在很大的上升空间，技术模式有待提升。在基于专家组合多重相关性的灰色关联度模型下，在进行指标赋权时，集中了各个领域专家的意见，且经过处理意见趋于一致，从而克服了传统的主观赋权法因个别专家差异性而引起偏差的弊端，运用灰色关联分析法，操作简单，是一种可行的评估方法。但是，专家约束下的主成分分析模型主客观结合更加紧密，对于信息量大的指标，其权重结果越趋近打分上限，其不确定性越小，这种后加权的方法不会由于各个地区提供数据时产生人为偏向，评价结果更科学。

　　综上，运用专家约束下的主成分分析模型和基于专家意见多重相关性的灰色关联分析模型对福建闽东绿茶区 5 种技术模式应用的社会经济效果进行评估，可以得到以下三方面结论。

　　（1）从综合效果评价得分看，模式 2 最优，其次是模式 1。

　　（2）5 项技术模式中，模式 2 最值得推广，有机肥替代部分化肥施用量被证明是可行可靠的，但是因施用有机肥带来超过减量化肥原成本而多支出的额外成本费用，需要政府通过绿色支持政策给予直接补偿，以鼓励这些茶农在生产实践中能持续应用这种技术模式，彰显政府在推动农业绿色发展过程中的定力、决心和行动。

（3）茶园化肥减施增效技术模式能否被农户采纳，除了技术本身以及技术所能带来的各种效益外，还会受到政府政策的影响，建议加强政府对于技术推广的支持力度，积极发挥政府对良好技术普及应用的主导性。

第7章 苹果化肥减施增效技术应用的社会经济效果实证评价

我国苹果种植历史悠久，是世界上栽培面积和产量最大的国家（李雨杭，2021）。在苹果主产区，苹果种植收入是果农经济收入的重要来源，而苹果的丰收离不开大量化肥的使用。相较于发达国家，我国苹果园的施肥技术相对比较落后（张凯，2021），导致苹果园普遍存在过量化肥施用情况。2017年和2018年我国苹果园化肥投入量高达 853.5 kg/hm²、829.65 kg/hm²（国家发展和改革委员会价格司，2018，2019），过量化肥的投入不仅会造成苹果园土壤板结，地力下降，还有可能导致苹果产量减少和品质降低。而生产不合格的苹果无法进入市场，果农无法获得收入，不利于苹果产业绿色发展。"十三五"规划纲要中提出实施化肥农药施用量零增长行动，毫无疑问这对未来苹果园发展提供了国家层面的支持。针对苹果园施肥技术落后的问题，在"十三五"国家重点研发计划项目设置中，有专门项目针对苹果园而研发苹果化肥减施增效技术，目前已在山东、陕西、北京等省份进行了试点试验。但项目研发的苹果化肥减施增效技术模式，其应用效果是否符合未来推广，对它们展开评价非常有必要。本章主要呈现果农（苹果种植户）在常规种植模式下的化肥投入水平与生产成本效益调研考察结果，以及运用基于专家意见多重相关性的灰色关联度模型和专家约束下的主成分分析模型方法对几种受评化肥减施增效技术模式应用的社会经济效果试评价结果，以期为不同化肥减施增效技术或技术模式的后续推广提供科技决策支撑与参考。

1 受访区域概况

为深入了解苹果种植肥料投入和产出效益情况，本研究在山东烟台、陕西延安和北京等主要苹果种植地区进行了问卷调研。山东烟台主要选取了栖霞市和招远市，陕西延安主要有黄陵县和洛川县，北京市主要选取了房山区和昌平区。

图 7-1　果农调研现场

山东烟台是中国苹果栽培最早的地方，地处东经 119°34′~121°57′，北纬 36°16′~38°23′，位于我国华东地区，胶东半岛之上。栖霞市和招远市同隶属于山东省烟台市。境内地形多为低山丘陵，温带季风气候，降水适中，光照充足，适宜苹果生长。苹果是山东省重要的经济作物，山东省苹果的产量在全国排名靠前，其中化学肥料发挥了重要的作用，但是过量施用的化肥，也使得当地的面源污染不断增加。2015 年，国家大力鼓励科研工作人员研发苹果化肥减施增效技术，山东烟台的部分果园就是苹果化肥减施增效技术的试验点之一。

陕西省延安市位于陕西省的北部，黄河的中游，黄土高原的中南地区。地处东经 107°41′~110°31′，北纬 35°21′~37°31′。延安地形以高原、丘陵为主，地势西北高东南低。黄陵县和洛川县位于山西省延安市境内，由延安进行管理，两县毗邻，位于延安市南部。气候以温带季风气候为主，春季气温回升快，干燥少雨，夏季炎热多雨，秋季降温快，冬季寒冷干燥。境内土层深厚，光照充足，昼夜温差大，有利于果实积累糖分，是苹果生长的最佳地带。

北京市地处中国北部、华北平原北部，位于东经 115°25′~117°35′，北纬 39°28′~41°03′。北京地势西北高、东南低，西部、北部和东北部三面环山。北京的气候为暖温带季风气候，夏季高温多雨，冬季寒冷干燥。房山区和昌平区分别位于北京的西南和西北部，境内多山地。其中，昌平区是我国最早引进栽培日本红富士苹果的地区之一。昌平区由于特殊的地理位置和环境，形成了一条由东向西狭长的山前暖带，年平均气温 12.1℃，年无霜期 180 d 以上，苹果成熟期的昼夜温差达到 10℃左右，这些条件都非常适合苹果的生长。

2 受访区域果农特征及苹果生产成本效益

数据来源于"十三五"国家重点研发计划"苹果化肥减施增效技术集成与示范项目"实施所在地 2018—2019 山东烟台市辖栖霞县与招远县、陕西省延安市辖洛川县与黄陵县和北京市辖昌平区和丰台区的调研数据。调研问卷的主要内容包括农户的基本特征、苹果种植模式、农户对过量施肥的认知情况、农户采纳化肥减施增效技术情况以及参加技术培训的情况等。为保证样本的合理性，调研采取判断性抽样和随机性抽样相结合的方式。在选择具体调研地区时，采取判断性抽样调查，所调查的区域都是苹果种植户的集聚区域，且要求果农种植苹果面积在 1/3 hm²（相当于 5 亩）及以上。具体调查地点包括北京昌平区南邵镇、崔村镇和房山区的韩村河镇、青龙镇、周口店镇，陕西省延安市黄陵县辖田庄镇、隆坊镇、桥山镇和洛川县的槐柏镇、旧县，山东省栖霞县的臧家庄镇、松山镇和招远县的阜山镇、大秦家镇、张星镇等。在抽选调研对象时，采取随机抽样调查的方法从每个村中选取 8～10 户菜农，且尽量保证各个行政村抽取的样本数相等。为了保证样本的全面性和准确性，调查对象都是直接负责苹果种植管理人。考虑到农户受教育程度和对问题的理解能力会对调查问卷的真实性造成一定影响，因此调研主要采用与农户"一对一""面对面"的方式展开调研，并进行适当回访。调研人员通过农户的回答情况手填问卷。整个调研活动期间，研究团队在各个行政村发放问卷总数为 188 份，回收的有效问卷总数是 188 份，回收率约为 100%。

2.1　受访区域果农特征

受访果农中以男性为主，占比 89.4%，女性仅占 10.6%；平均年龄52.6 岁；文化程度高中及以上占到 50%，其次是初中文化水平占比 38.3%，小学及以下文化水平约 11.7%，相对来说种植苹果的农户绝大部分具备一定文化知识。而受访果农中，尽管以普通种植户为主，但村干部和技术能手还分别占到 8.5% 和 11.2%。受访果农苹果种植最大面积有 4.45 hm²，平均面积为 1.90 hm²，其中为扩大规模经营，流传土地果农约占到受访果农的三成，流转土地费用以北京最贵，达到 15 000 元/（hm²·年），三地土地流转费平均在 11 250 元/（hm²·年）左右，受访农户 87% 的收入主要来源于苹果种植。

就化肥施用可能对环境负面影响来看，八成受访户知晓过量使用化肥会对环境有负面影响，但仅有二成认为自家化肥施用超标，认为自家苹果种植中化肥施用不超标和不足的分别占 40.9% 和 11.5%。而完全有机种植以北京苹果种植户占比最高达到 76.5%，陕西延安和山东烟台仅有约 3% 受访户实行有机种植苹果。值得引起高度重视的是，分别有 13.1%、9.8% 和 25%的受访果农还认为化肥过量施用对苹果品质、土壤质地和水环境没有影响，说明科学施肥和环保知识亟待宣传培训和普及。不过，愿意接受化肥减施增效技术的受访户达到九成多，仅有不足 10% 的受访户拒绝接受，根本原因是这些农户担心缺乏技术使用收益保证、使用技术风险过高和实用过程嫌麻烦费事，反映出在化肥减施技术的推广过程中应在提高果农的环保意识的同时注重技术推广中农户的可接受度，较难实际操作的技术应聘请专业的技术员指导农户尝试。对有机肥的使用，受访果农主要考虑的因素按重要程度从高到低依次是有机肥施用效果、有效养分成分与有机肥价格。实践中，受访户使用有机肥首选是商品有机肥，其次是自家沤制堆肥。

对于参加环境友好型苹果种植技术培训而言，近七成受访果农有参加过培训，或是课堂培训、田间示范，或是课堂培训与田间示范相结合；但从没有参加过培训的果农也不在少数，不过，未参与培训的受访果农中已经意识到培训的重要性，他们中有六成愿意在接受未来相关技术培训。

2.2 受访果农苹果常规种植化肥投入情况分析

通过 2018—2019 年调研发现，绝大部分受访果农（北京除外，因样本量少）在苹果种植全程中除了基肥期施用部分有机肥外，苹果全生育周期对化肥的依赖或偏好还是比较大。不过，果农偏爱的化肥主要还是以复合肥为主，其次是水溶性肥。

表 7-1 受访区受访果农化肥养分投入量 （单位：kg/hm^2）

养分投入	综合			陕西延安			山东烟台		
	N	P_2O_5	K_2O	N	P_2O_5	K_2O	N	P_2O_5	K_2O
均值	929.19	640.46	869.57	929.19	693.02	1016.88	807.82	545.67	648.88
标准误	582.80	416.02	643.90	560.45	368.06	637.30	602.75	461.79	611.04

由表 7-1 可见，受访苹果种植区化肥 N、P_2O_5 和 K_2O 的投入量，较西方发达国家苹果种植施肥 N、P_2O_5 和 K_2O 的 $150\sim200kg/hm^2$、$150\sim200kg/hm^2$ 和 $100\sim150\ kg/hm^2$ 投入水平比普遍偏高（Cheng L et al，2009；Cheng & Raba，2009），表明我国苹果产区化肥施用处于高投入水平，但受访果农之间化肥折纯投入水平上差异比较大（标准误大），揭示出一家一户的种植模式在反映果农习惯生产方式差异明显的同时，也说明在追求绿色高质量发展过程中，对技术模式的标准化、规模化应用的要求和需求会越来越高。不过，我们的调研结果，与朱占玲（2019）2015 年调研的山东苹果农户化肥投入水平（纯 N、P_2O_5 和 K_2O 分别为 1 302 kg/hm^2、793 kg/hm^2、1 074 kg/hm^2）和陕西苹果种植户化肥投入水平（纯 N、P_2O_5 和 K_2O 投入量 1 094 kg/hm^2、686 kg/hm^2、781 kg/hm^2）相比，都不同程度地有所降低，揭示出苹果园化肥减施增效项目经过 $2\sim3$ 年的实施，已经正向影响了绝大部分果农倾向于减少化肥投入水平，这是一个好的趋势，也体现了苹果园化肥减施

增效技术研发的意义和及时开展相关技术模式评价的意义。

2.3 受访果农苹果常规种植生产成本效益

表 7-2 受访区受访果农苹果生产成本效益 　　（单位：元/hm²）

	人工	肥料	农药	机械	其他	总成本	产值	净收益
山东	77 855.6	31 940.0	7 314.0	1 494.0	14 026.1	132 629.8	193 763.1	61 133.3
	28 134.5	17 550.8	4 179.2	1 255.6	4 353.8	38 369.2	109 783.0	115 248.2
陕西	41 959.5	33 634.9	4 166.9	1 338.0	16 180.4	97 279.7	141 484.6	44 204.8
	27 685.4	14 611.9	2 106.2	832.5	8 364.2	37 514.0	61 089.5	65 957.6

本研究将苹果种植生产成本投入主要分为人工、肥料、农药、机械和其他五个部分。其中，机械成本这里不含固定资产性投入，主要指使用成本。其他主要指纸袋、地膜、反光膜、套袋、捕鸟材料、灌溉等。

由表 7-2 可见，不同苹果产区在苹果生产全过程不同环节，其单位面积成本投入不一样。受访调研两省成本投入最大的差异是山东人工投入较陕西高很多，这与其当地人工投入成本差异明显有关，平均 8 小时雇工费用山东在 140~150 元，陕西则在 100~110 元，导致山东人工成本占到总成本投入的 58.7%，而陕西则是 40% 不到，因此山东果农降低人工投入，采纳轻简化机械化技术是未来重点。其次是化肥投入费用，山东果农与陕西果农单位面积化肥投入上仅有 5% 的差异，但陕西化肥投入占其总成本的 35%，山东化肥投入仅为其总成本的 24.1%，这与表 7-1 显示陕西果农化肥投远远高于山东果农形成鲜明对应。植保投入上，陕西仅为山东植保六成的费用，占 56.9%；其他生产要素投入成本之间差别不明显。

再从产值上看，不同苹果产区单位面积产值明显不同，山东每公顷苹果种植产值高出陕西 5 万多元，带来净收益同比高出 2 000 多元/hm²。从单位成本投入产出效益上，山东较陕西高出 1 个百分点，分别为 46.1% 和 45.4%；人工投入效益上，陕西则远远高于山东，分别为 105.4% 和 78.5%，这可能与山东雇佣人工贵陕西相对便宜也有关。肥料成本投入效益则以山东较陕西明显，单位肥料成本投入所获净利润山东是陕西的 1.5 倍。因此，对陕西果农来说，化肥减量是重点，因为减化肥用量，就是增加收益。

综上，不同苹果产区，研发集成化肥减施增效技术模式，既要重视轻简化，减少人工投入，又要强调化肥投入减量和果园病虫害生物综合防治防控，才能保障苹果种植绿色可持续发展。

3 化肥减施增效技术应用的社会经济效果案例实证评价

3.1 案例选择

本案例实证研究，选取"十三五"国家重点研发计划"茶园化肥减施增效技术集成与示范项目"任务承担方之一、山东农业大学姜茂远研发团队提供的十套苹果化肥减施增效技术模式为评价对象。基于技术模式研发项目组并没有完成项目结题，所提供的十套技术模式是其研发集成的众多技术模式中随机抽出用于本课题试评价之用，受评苹果品种都为红富士，各不同模式具体内涵、化肥减量比例和折纯化肥 N、P_2O_5 和 K_2O 减施比例详见表7-3。

表7-3 10套苹果化肥减施增效技术模式简介

示范地点	模式	减肥技术名称	化肥减量	折纯养分减量		
				N	P_2O_5	K_2O
甘肃静宁	模式1	"膜水肥"一体化化肥减施增效技术	32%	31%	33%	35%
甘肃静宁	模式2	甘肃有机肥替代化肥减施技术	45%	42%	47%	48%
河北保定	模式3	河北省苹果化肥减施增效集成技术	53%	24%	68%	55%
山东栖霞	模式4	山东苹果化肥减施增效技术模式	42%	45%	55%	29%
山东威海	模式5	苹果控释肥配施技术	25%	25%	25%	25%
山西运城	模式6	山西有机肥替代化肥技术	20%	30%	0%	0%
陕西白水	模式7	陕西苹果水肥一体化技术	33%	33%	32%	33%
陕西洛川	模式8	陕西苹果有机肥替代化肥技术	27%	28%	33%	25%
辽宁葫芦岛	模式9	辽宁苹果有机替代+配方肥技术	36%	33%	52%	27%
北京昌平	模式10	京津苹果化肥减施增效技术	38%	42%	50%	26%

3.2 效果评估

3.2.1 专家约束下的主成分分析模型

根据第3章专家赋权下的主成分分析模型，计算得出10套技术模式综合评价与准则层得分排序情况（表7-4）。在综合评价方面，模式3>模式1>模式4>模式2>模式6>模式7>模式5>模式8>模式10>模式9。在技术本身优势特征指标方面：模式3>模式5>模式10>模式2>模式1>模式

4>模式 6>模式 7>模式 9>模式 8；在经济效益方面：模式 1>模式 3>模式
4>模式 2>模式 6>模式 7>模式 8>模式 5>模式 9>模式 10；在社会效益方
面：模式 8>模式 4>模式 3>模式 6>模式 2＝模式 9>模式 7>模式 1>模式
5>模式 10。

表 7-4 10 套受评化肥减施增效技术模式评价结果

模式	综合	排序	技术优势	排序	经济效益	排序	社会效益	排序	管理	排序
模式 1	0.927	2	0.234	5	1.929	1	0.575	7	0.775	2
模式 2	0.072	4	0.238	4	0.104	4	0.096	5	0.775	2
模式 3	1.514	1	2.087	1	1.338	2	0.863	3	1.162	1
模式 4	0.299	3	0.032	6	0.203	3	1.183	2	1.162	1
模式 5	0.344	7	0.736	2	0.787	8	1.215	8	-0.775	2
模式 6	0.069	5	0.560	7	0.040	5	0.543	4	1.162	1
模式 7	0.313	6	1.002	8	0.054	7	0.256	6	1.162	1
模式 8	0.466	8	1.169	10	0.401	6	1.342	1	0.775	2
模式 9	0.907	10	1.030	9	1.033	9	0.096	5	0.775	2
模式 10	0.714	9	0.499	3	1.260	10	1.694	9	0.775	2

这里仅以评价综合效果位列 10 套模式前三的进行具体阐述。技术模式
3（河北保定苹果化肥减施增效集成技术）综合评价排名第一。主要在于它
技术本身优势特征和管理方面较其他模式更优，都位列第一，而经济效益和
社会效益也排在前三。根本原因在于选用新型的生物菌肥、水溶性肥、液体
肥等肥料类型，使减肥技术模式纯 N 减量较高，达到 23.8%。经济效益排
名第二，可能与该减肥技术模式的物料成本与人力成本比常规模式低，比其
他 9 种减肥模式低，但是单位面积的苹果产值较低，以及该模式偏重施化
肥，导致苹果产量高但是品质低，优质果率较低有很大关系。社会效益排名
第三，主要是果农培训率和响应率虽都达到 60%，但还需要当地政府将其
考虑纳入主推技术，以更好地进行推广应用。社会效益的推广面积涉及果农
对减肥新技术的采纳意愿，果农作为"经济理性人"，必然会考虑减肥技术
最优农业要素投入量以及选择减肥新技术模式所获得的最大利润。技术模式
1（甘肃静宁膜水肥一体化技术）综合评价，排名第二。最重要的原因是它
的经济效益和管理方面很突出，且技术本身优势特征方面也位列 10 套技术

模式之前五，但当地政府未将其列为主推推技术，带来社会效益不明显有
关。技术模式 4（山东栖霞苹果化肥减施增效技术模式）综合评价排名第
三，与该模式除技术本身优势特征指标外的其他三指标都处于十套模式前三
有直接关系，特别是示范实践应用中管理有序（管理指标得分位列第一），
媒体宣传报道 6 次，相对其他减肥模式较多，推广辐射面积相对较大（社
会效益指标位列第二），列为当地主推技术取得了良好的规模经济效益，净
利润达到 43 500 元/hm^2。而技术本身优势特征方面排名第六，拖累了该
模式总效果总得分，这与其采用减肥技术较为复杂，是集成深施、水肥一
体化、滴灌技术等多技术的集成模式有直接关系，需要围绕轻简化进一步
深化研究。

3.2.2 基于专家意见多重相关性的灰色关联度模型

表 7-5　10 套苹果化肥减施增效技术模式灰色关联度

模式	综合	排序	技术优势	排序	经济效益	排序	社会效益	排序	管理	排序
模式 1	0.695	2	0.315	6	0.306	1	0.053	8	0.020	2
模式 2	0.631	4	0.338	2	0.212	2	0.062	5	0.020	1
模式 3	0.696	1	0.349	1	0.197	3	0.091	3	0.060	1
模式 4	0.673	3	0.327	4	0.178	4	0.109	2	0.060	1
模式 5	0.538	8	0.330	3	0.143	7	0.045	9	0.020	2
模式 6	0.558	7	0.280	9	0.140	9	0.079	4	0.060	1
模式 7	0.603	5	0.320	5	0.165	5	0.058	7	0.060	1
模式 8	0.603	6	0.300	8	0.164	6	0.120	1	0.020	2
模式 9	0.474	10	0.273	10	0.120	10	0.062	6	0.020	2
模式 10	0.504	9	0.303	7	0.141	8	0.040	10	0.020	2

按照第 3 章专家多重意见灰色关联分析模型计算出 10 套苹果化肥减施
增效技术模式综合评价与准测层得分排序如表 7-5，在综合评价方面，模式
3>模式 1>模式 4>模式 2>模式 7>模式 8>模式 6>模式 5>模式 10>模式 9。在
技术优势方面：模式 3>模式 5>模式 10>模式 2>模式 1>模式 4>模式 6>模式
7>模式 9>模式 8；在经济效益方面：模式 1>模式 3>模式 4>模式 2>模式
6>模式 7>模式 8>模式 5>模式 9>模式 10；在社会效益方面：模式 8>模式
4>模式 3>模式 6>模式 2=模式 9>模式 7>模式 1>模式 5>模式 10。

　　可见，专家约束下的主成分分析模型和专家多重意见相关灰色关联法模型两种分析结果基本一致，表明排在前四的技术模式更适合优先推广普及，排名靠后的技术模式其社会经济效果还有很大提升空间。评价结果可以为苹果化肥减肥技术集成模式的推广应用提供参考，特别是有助于农技推广部门择优开展不同技术模式的推广。

第8章　结论与政策建议

  本研究作为作物化肥减施增效技术应用社会经济效果评估课题，与相关化肥减施增效技术集成与示范项目同步启动。由于在实际推进过程中，遇到技术集成与示范项目的相关化肥减施增效技术模式数据采集并不能完全同步的问题，因而实证案例中的相关技术模式参数多来自某个固定示范监测点而非项目最终集成模式参数。加之不同研究生加入该课题完成研究，也遇到专家提出论文的研究内容应丰富于课题要求内容的意见，这样就出现部分案例研究指标体系中既有技术本身优势特征指标、经济、社会和管理相关指标，也涉及了相关环境效益指标。因此，评估结果只能做一般性的参考。若需要对同步启动的不同化肥减施增效技术集成与示范项目结题提交的8~10套模式进行社会经济效益评价，则有待各项目通过验收后，由这些项目共同的管理机构提供全面数据，基于第二章建立的通适评价指标体系和不同作物种各自的评价指标体系再展开进一步的评价。

  本研究通过不同作物化肥减施增效技术应用效果评价指标体系的构建、评估方法的筛选、案例试评估过程及对其评估分析的结果，得出如下结论和启示性的政策建议。

  （1）关于评价指标体系构建，尽管我们提出指标选取应遵循科学性与实用性、完整性与层次性、系统性与独立性、动态性与静态性、综合性与可行性等原则，但在对受评价对象一方采集相关指标监测参数时，可能会遇到一些指标并未实际监测而不能及时全面采集到位的情况，甚至有诸如本评价课题的设置或启动应该先于受评项目的说法。因此，建议相关受评项目结题汇交数据后，管理机构能组织开展对受评项目按成果方式提交的化肥减施增效技术模式社会经济效益的更完善、更深入的评价，为后续相关集成技术模式的快速推广提供支撑。

  （2）在评价指标筛选和赋权的过程中，不仅专访了多位亲自参与化肥农药减施增效技术项目立项设计的专家，还咨询了水稻蔬菜果树茶园化肥减施增效技术集成与示范项目的首席科学家以及涵盖农学、栽培学、土壤化学、植物营养学、植物保护学、环境科学、农业经济管理和技术推广等多领域跨学科的 100 余位专家。他们为本评价课题通适指标体系的构建、不同作物评价指标体系的构建及其赋权贡献了卓越的智慧。由于研究方向或专业的差异，不同领域专家对指标重要性的理解和指标属性的判断（指标属于社会效果、经济效果还是管理等）难免存在分歧。以作物产量为例，一般意义上通常归类于经济性指标，但从保障粮食安全的视角它又兼具社会效益的特质。建议管理机构在现有国家科技专家库的基础上，能够逐步建立一个具有交叉学科背景知识的专家库，以便更好地服务于现实和长远的社会需要。

（3）针对化肥农药减施增效技术应用的社会经济效果评价，从指标选取遵循的可比性出发，评价产生的社会经济总效应当然也是可比的，因此，不同技术或技术模式在最终得分上自然而然会有一个从高到低的排序。这样就直接揭示了某些集成技术模式较其他集成技术模式的减施增效效果更好或更优，值得优先推广应用。但此评价结果也并不能完全说明得分不高的受评技术或技术模式未能达到项目目标要求。客观上，项目研发集成的几套模式可能源于不同省或区的最优模式，对受评集成技术模式是否实现"化肥农药减施增效"（化肥减量、稳产或增产、N 肥利用率提高）专项总体目标更是评价内容的应有之意。在评价方法方面，既要实现对不同技术模式之间的比较，也要揭示各技术模式对达成项目目标的协同或一致性。为此，建议将专家约束下的主成分分析模型方法和应用效果耦合模型分析方法相结合，展开对不同作物化肥减施增效技术应用的社会经济效果评价。

（4）基于专家约束下主成分分析模型和专家组合多重相关性的灰色关联度模型两种评价方法评价，选取湖北省农业科学院资环所研发集成的水稻化肥减施增效技术模式实证案例进行试评价。在稻-虾共作、稻-油轮作和稻-麦轮作共 3 套模式中，都以稻-虾共作技术模式社会经济效益最优，稻-麦轮作技术模式和稻-油轮作技术模式则因评估方法不同而有排序上的变化。结果显示最优技术模式更适合优先推广普及，排名靠后的技术模式在社会经济效果方面还有很大的提升空间。

（5）基于专家约束下的主成分分析模型和灰色关联度分析模型两种评价方法评价，选取沈阳农业大学设施蔬菜科研团队研发集成的寒地 5 套设施蔬菜化肥减施增效技术模式实证案例进行试评价。其社会经济总效益排序均为北票市越夏番茄化肥减施模式优于辽中区冬春茬番茄化肥减施模式优于灯塔市越冬番茄化肥减施模式，而南票区冬春茬番茄化肥减施模式和凌源市越冬长季节黄瓜化肥减施模式则因评估方法不同而有排序上的变化。表明排在前三的技术模式更适合优先推广普及，排名靠后的技术模式其社会经济效果还有很大提升空间。建议技术本身优势特征与经济效益排名较低的技术模式进一步优化完善技术的集成，如适当缩短其生育期、控制物料的投入、提高机械化水平和降低人工成本，以提高蔬菜种植净收益；建议社会效益与管理层面得分较低的技术模式则需要当地政府继续完善减施技术的配套政策，如加强新闻媒体的宣传力度和增加农技工作者下乡培训指导的次数，努力做到产学研结合，让广大菜农感受到设施蔬菜科学种植的广阔前景和巨大增收潜力，使更多的农户了解并接受使用化肥减施增效技术模式。

（6）基于专家意见多重相关性的灰色关联分析模型，选取福建省农业科学院茶叶研究所和国家土壤质量福安观测实验站研究团队研发集成的闽东绿茶区化肥减施增效技术5套技术模式实证案例进行试评价。其社会经济综合效果得分排序为有机肥料替代部分化肥模式＞专用肥模式＞生物炭基肥模式＞施用脲甲醛复合肥新型肥料模式＞地力改良与施生物炭结合模式。其中有机肥替代部分化肥模式被证明是可行可靠的，但是因施用有机肥带来超过减量化肥原成本而多支出的额外成本费用部分，建议政府给予直接补偿，持续强化绿色支持政策。以鼓励茶园经营主体在生产实践中能持续应用这种技术模式，维护这些经营主体进行绿色生产行动的积极性和活力，彰显政府在推动农业绿色发展过程中的定力和决心。

（7）基于专家约束下的主成分分析模型和专家多重意见相关灰色关联法模型，选取"十三五"国家重点研发项目团队集成的一系列（部分）苹果化肥减施增效技术模式实证案例进行试评价。其社会经济总效益排序均为河北保定苹果化肥减施增效集成技术＞甘肃静宁膜水肥一体化化技术＞山东栖霞苹果化肥减施增效模式＞甘肃静宁有机肥替代化肥减施技术＞山西运城果枝有机肥发酵及有机肥替代化肥＞陕西白水根域水肥一体化技术＞山东威海苹果控释肥配施技术＞陕西洛川有机肥替代化肥技术＞京津苹果化肥减施增效技术＞辽宁葫芦岛有机替代和配方肥模式。专家约束下的主成分分析模型、专家多重意见相关灰色关联法模型两种模型分析结果基本一致，表明排在前列的技术模式更适合优先推广普及，排名靠后的技术模式其社会经济效果还有很大提升空间。评价结果可以为苹果化肥减施增效技术集成模式的推广应用提供参考，特别是有助于农技推广部门择优开展不同技术模式的推广。

（8）基于专家约束下的主成分分析模型和专家多重意见相关灰色关联法模型的评价结果也并不能完全说明得分不高的受评技术模式未能达到项目

目标要求。在评价方法方面，专家约束下的主成分分析模型侧重于对不同技术模式之间的比较，以实现项目所要求的"确立技术推广的优先序清单"，但各技术模式本身所要达成的项目目标程度不同，而耦合协调度分析模型能够揭示各技术模式对达成项目目标的协同或一致性。从耦合协调度分析模型的评估结果来看，四种作物化肥减施增效的集成示范技术的技术优势特征体系与其他各体系、项目目标体系与各体系之间的耦合度和耦合协调度较为一致，证明四种作物的化肥减施增效技术本身与项目目标之间具有一定的契合度，说明大多数技术模式已达成了本身的项目目标。因此，将专家约束下的主成分分析模型和耦合协调度模型相结合，既从不同模式横向比较的角度分析确立了生产化肥减施增效技术普及应用推广的优先序清单，又从各技术模式本身与其项目目标耦合协调的角度评价分析了各技术模式自身存在的不足，并提出技术优化建议。

（9）化肥减施增效技术模式的社会效益，核心且直接的体现就是推广面积是否足够多，也间接反映出这些技术能否被农民经营主体认可并实际采纳应用的问题。因此，除了技术本身以及技术所能带来的良好经济效益外，技术推广还依赖于推广组织机构、推广服务形式、良好完善的基础设施和推广力度等因素。建议政府在提高对化肥减施增效技术的宣传、培训力度的同时，加强推广组织机构建设，或专业化社会化服务组织的建设，稳定技术标准化推广的队伍，以应用面积导向给予推广相关机构和人员推广成效−绩效奖励，从环保技术视角以绿色补贴政策形式给予额外推广交易成本的支持，积极发挥政府对良好技术普及应用的主导性。

参考文献

鲍学英，李海连，王起才．基于灰色关联分析和主成分分析组合权重的确定方法研究．数学的实践与认识，2016，46（9）：129-134.

蔡茂楷．福建启动新一轮生猪养殖污染防治［J］．农村实用技术，2014（10）：51.

陈玉真，王峰，吴志丹，等．化肥减施对乌龙茶产量，品质和肥料利用率及经济效益的影响［J］．茶叶科学，2020，40（6）：56-68.

程红莉，黄恩．环境友好型农业技术的农户采纳及其影响因素——基于农业技术传播的系统性分析［J］．安徽农业科学，2015，43（31）：314-316.

邓旭霞，刘纯阳．湖南省循环农业技术水平综合评价与分析［J］．湖北农业科学，2014（7）：1706-1711.

甘付华，李蔚蔚，高进玲，张以和，2018．吐鲁番设施蔬菜化肥农药减施增效技术模式探析．中国农技推广，34（2）：59-61.

葛顺峰，朱占玲，魏绍冲，姜远茂．中国苹果化肥减量增效技术途径与展望［J］．园艺学报，2017，44（9）：1681-1692.

国家发展和改革委员会价格司．全国农产品成本收益资料汇编 2018［M］，北京：中国物价出版社，2018.

国家发展和改革委员会价格司．全国农产品成本收益资料汇编 2019［M］，北京：中国物价出版社，2019.

国家统计局．中国统计年鉴 2018［M］．北京：中国统计出版社，2018.

胡博，罗良国，武永锋，等．环竺山湖小流域种植业面源污染减排潜力研究［J］．农业环境科学学报，2016（7）：1368-1375.

黄国勤，周泉，陈阜，等．长江中游地区水稻生产可持续发展战略研究［J］．农业现代化研究，2018（1）：28-36.

黄继川，肖志云，吴雪娜，等．茶园化肥减量增效技术的推广应用——以广东大埔县为例［J］．广东农业科学，2020，47（2）：75-82.

赖敏，王伟力，郭灵辉．长江中下游城市群农业面源污染氮排放评价及调控［J］．中国农业资源与区划，2016，37（8）：1-11.

李典友，李军，陈良松，等．皖西大别山区优质茶园高效高产施肥技术与效益估算［J］．安徽农业科学，2013，41（13）：6088-6089，6091.

李萍萍，林永锋，胡永光．有机肥与化肥配施对茶叶生长和土壤养分的影响［J］．农业机械学报，2015，46（2）：64-69.

李宪松，王俊芹．基层农业技术推广行为综合评价指标体系研究［J］．安徽农业科学，2011（3）：1834-1835.

李雨杭．烟台地区苹果产业的发展现状及对策研究——以烟台市牟平区为例［J］．中国集体经济，2021（12）：31-32.

刘凡卫，孙先勇，田维超，等．茶树专用肥和有机肥在贵州茶树上的施用效果［J］．农技服务，2020，37（12）：45-48.

刘华军，孙淑惠，李超．环境约束下中国化肥利用效率的空间差异及分布动态演进［J］．农业经济问题，2019（8）：65-75.

刘渝．农户科学施肥影响因素的实证分析—以湖北江汉平原为例［J］．科技与管理，2011，13（2）：48-50.

卢文峰．农业节水效益评价指标的研究与应用［D］．长江科学院，2015.

尼雪妹，罗良国，李宁辉，等．水稻作物化肥减施增效技术评价指标体系构建［J］．农业资源与环境学报，2018，35（4）：30-31.

尼雪妹，罗良国，李宁辉，王娜娜，潘亚茹，杨森，2018．水稻作物化肥减施增效技术评价指标体系构建．农业资源与环境学报，35（4）：301-310. DOI：10. 13254/j. jare. 2018. 0059.

倪康，廖万有，伊晓云，牛司耘，等．我国茶园施肥现状与减施潜力分析［J］．植物营养与肥料学报，2019，25（3）：421-432.

彭张林，张强，杨善林．综合评价理论与方法研究综述［J］．中国管理科学，2015，23（S1）：245-256.

史常亮，朱俊峰，栾江．我国小麦化肥投入效率及其影响因素分析——基于全国15个小麦主产省的实证［J］．农业技术经济，2015（11）：69-78.

史常亮，朱俊峰，栾江．农户化肥施用技术效率及其影响因素分析——基于4省水稻种植户的调查数据［J］．农林经济管理学报，2015，14

（3）：234-242.

史恒通，赵敏娟，霍学喜. 农户施肥投入结构及其影响因素分析—基于7个苹果主产省的农户调查数据［J］. 华中农业大学学报（社会科学版），2013，（2）：1-7.

苏火贵. 安溪县茶园肥力状况与合理利用研究［J］. 中国农学通报，2015，31（28）：132-135.

苏有健，廖万有，丁勇，等. 不同氮营养水平对茶叶产量和品质的影响［J］. 植物营养与肥料学报，2011，17（6）：1430-1436.

孙嘉. 农业非点源污染与防治技术评价及治理模式研究［博士学位论文］. 北京：北京林业大学，2015.

孙宇龙，张永利，王烨军，等. 机采茶园有机替代技术对土壤肥力和茶叶产量品质的影响［J］. 中国农学通报，2019，35（21）：43-49.

陶群山，胡浩，王其巨. 环境约束条件下农户对农业新技术采纳意愿的影响因素分析［J］. 统计与决策，2013（1）：106-110.

汪克夷，栾金昶，武慧硕. 基于组合客观赋权法的科技评价研究［J］. 科技进步与对策，2009，26（6）：129-132.

王惠，卞艺杰. 农业生产效率、农业碳排放的动态演进与门槛特征. 农业技术经济，2015（6）：36-47.

王萍萍，韩一军，张益. 中国农业化肥施用技术效率演变特征及影响因素［J］. 资源科学，2020，42（9）：1764-1776.

王芊，武永峰，罗良国. 基于氮流失控制的种植结构调整与配种生态补偿措施——以竺山湾小流域为例［J］. 土壤学报，2017，54（1）：273-280.

王则宇，李谷成，周晓时. 农业劳动力结构、粮食生产与化肥利用效率提升——基于随机前沿生产函数与 Tobit 模型的实证研究［J］. 中国农业大学学报，2018.

武升，邢素林，马凡凡，等. 有机肥施用对土壤环境潜在风险研究进展［J］. 生态科学，2019，38（2）：219-224.

向欣，罗煜，程红胜，等. 基于层次分析法和模糊综合评价的沼气工程技术筛选. 农业工程学报，2014（18）：205-212.

项诚，贾相平，黄季焜，等. 农业技术培训对农户氮肥施用行为的影响——基于山东省寿光市玉米生产的实证研究［J］. 农业技术经济，2012（9）：4-10.

熊鹰，郭耀辉，杜兴端，等．中国水稻种植户风险偏好：理论模型与定量测算［J］．中国农学通报，2018（8）：138-143．

杨慧莲．农户满意度视角的新型农业技术推广模式研究［D］．西北农林科技大学，2016．

姚延婷．环境友好农业技术创新及其对农业经济增长的影响研究［D］．南京航空航天大学，2018．

伊晓云，马立锋，石元值，等．茶叶专用肥减肥增产增收效果研究［J］．中国茶叶，2017，39（4）：26-27．

余明志，肖方扬．尤溪县台溪乡茶树配方施肥技术及其效果［J］．福建茶叶，2014，36（2）：18-20．

俞立平．客观赋权法本质及在科技评价中的应用研究——以学术期刊为例［J］．情报理论与实践，2021，44（2）：50-56．

张金波，范乔希，周作昂．川渝地区就业结构与经济发展耦合协调分析［J］．中国经贸导刊（中），2021（6）：37-40．

张凯，陈咄圳，张亿．长期施用化肥对不同树龄苹果品质及土壤养分的影响［J］．环境生态学，2021，3（3）：54-59．

周玮，黄波，管大海．农业固体废弃物肥料化技术模糊综合评价［J］．中国农学通报，2015，29：129-135．

朱喜安，李良．综合评价赋权优良标准的研究［J］．统计与决策，2016（19）：23-26．

Aistars G A. A Life Cycle Approach to Sustainable Agriculture Indicators ［J］. May，1999.

Asian Rice Farming Systems NeWork. Asian Rice Farming Systems Working Group Proc. 22nd Asian Rice Farming Systems Working Group Meeting，Beijing：CAAS 1991 ［M］. Report. In：and IRRI. 5. 1991.

Cheng L L，Raba R. 2009. Accuhmlation of macro－ and micronutrients and nitrogen demand－supply relationship of 'Gala' /'Malling 26' apple trees grown in sand culture ［J］. Journal of the American Society for Horticultural Science，134（1）：3-13.

Cheng L，Ma F W，Ranwala D. 2004. Nitrogen storage and its interaction with carbohydrates of young apple trees in response to nitrogen supply ［J］. Tree Physiology，31（222）：91-98.

Lee D R. Agricultural Sustainability and Technology Adoption：Issues and

Policies for Developing Countries [J]. American Journal of Agricultural Economics, 2006, 87 (1): 1325-1334.

Rigby D, Woodhouse P, Young T, et al. Constructing a farm level indicator of sustainable agricultural practice [J]. Ecological Economics, 2001, 39 (3): 463-478.

Rogers, E. M, 2003. Diffusion of innovations. Columbus Ohio: Free Press.

Simone Kathrin Kriesemer, Detlef Virchow, 2012. Analytical Frame-work for the Assessment of Agricultural Technologies Simone Kathrin Kriesemer and Detlef Virchow Food Security Center. Stuttgart: University of Hohenheim Stuttgart.

Vesela Veleva, Michael Ellenbecker. Indicators of sustainable production: framework andmethodology [J]. Journal of Cleaner Production, 2001, 9 (6).

Yan X, Jin J Y, Liang M Z. Grain Crop Fertilization Status and Factors Influencing Farmers' Decision Making on Fertilizer Use: China Case Study [J]. Agricultural Science & Technology, 2016, 17 (10): 2394-2398, 2440.